Todos Mutantes

Jean Cohen
Raymond Lepoutre

TODOS MUTANTES

Tradução:
Álvaro Cabral

Jorge Zahar Editor
Rio de Janeiro

Título original: *Tous des Mutants*

Tradução autorizada da primeira edição francesa
publicada em 1987 por Editions du Seuil, de Paris, França

Jorge Zahar Editor Ltda.
rua México, 31 sobreloja
20031 Rio de Janeiro, RJ

Ficha Técnica
Revisão de texto: Roberto Lacerda. Diagramação: Celso Bivar.
Capa e Ilustração de capa: João da França. Revisão: Carlos Nayfeld,
Lincoln Natal Jr., Nair Dametto, Carmem Moreno. Composição e
Impressão: Tavares e Tristão Gráfica e Edit. de Livros Ltda.

ISBN: 85-7110-039-X

Sumário

Introdução 9

Parte I: Da Procriação à Reprodução

1. A criança antes de Malthus 17
   - Roma: a criança rara e educada 18
   - A Idade Média: a obsessão da criança 20
   - Os séculos XVII e XVIII europeus: a revolução sentimental 22
   - O casamento tardio 23
   - Abandonos e infanticídios 24
   - Técnicas contraceptivas de eficácia desigual 27
2. A criança desde Malthus até hoje 29
   - O filho do homem 29
   - O filho dos ricos 31
   - O controle da natalidade: a sociedade contra os indivíduos 34
   - A seleção dos mais aptos 37
   - Aparecem as mulheres, as descobertas multiplicam-se 38
   - As ciências a serviço das mulheres 42
   - A grande mutação 44
3. A genética modifica o vivente 46
   - O dogma central 46
   - Breve retorno aos encontros malogrados 48
   - O código genético 51
   - Um avanço prodigioso: a engenharia genética 53
   - Os jogos do gene e da liberdade 55
   - Entre o entusiasmo e o medo 56
   - A criança previsível 58
   - Os genes de suscetibilidade 60

As tentativas terapêuticas 61
A extensão das alternativas em jogo 62
Génetica e eugenismo 63

4. Do filho tolerado ao filho exigido 66
A potência do número 66
O planejamento dos nascimentos 68
No outro pólo: o filho exigido 70
Fecundidade e esterilidade 72
Contracepção, gravidez e fecundidade 73
Economia e fecundidade 75
A nova criança 76
A resistência do aleatório 77

5. A criança das novas procriações 79
Nem temor, nem recusa 81
A substituição e o deslocamento 81
A extensão dos artifícios 85
As pesquisas sobre o embrião 86
Potência do desejo 88
A função parental 88

Parte II: Da Reprodução à Mutação

1. O que é um homem? 93
Predeterminar as condutas de um homem? 94
Os dois absolutos 95
Não sejamos ingênuos 96
A seleção segundo Darwin 97
A conversão segundo Darwin 98
Os efeitos secundários segundo Darwin 98
A ética anti-selecionista de Darwin 99
Uma compensação "natural" 100
O haras humano 101
O cérebro segrega o pensamento 103
O escândalo Burt 105
O dogma central revisitado 107
Citando François Jacob 108
Um debate deslocado 110
Um passo a mais: a sociobiologia 112
A seleção de parentesco 114
Ser biológico e ser social 115
O interacionismo ou as duas autonomias 116
A interpenetração ou o determinismo dialético 118

"Sobre a morte do homem" 120
Se a vertigem nos assalta 121

2. O peso do contexto 122
Uma vida no mínimo 123
Os quatro quartos da aventura humana 124
Nas fronteiras do imaginário 126

3. O futuro de uma mutação 128
Anticoncepções e procriações novas 129
O medo de um suicídio coletivo 132
Sodoma e Gomorra ou o medo do castigo 135
As forças em presença 137
Uma nova identidade feminina 139
Três roteiros 142

4. De hoje para amanhã: o magistério da medicina preventiva 147
O irresistível impulso da predição 148
Predizer a criança normal 149
A escolha do sexo e os problemas ligados às anomalias 151
Do normal ao normalizado 154
Rumo à criação artificial 158
Transformar a espécie humana? 160

5. A Eva do futuro 163
O grande medo 164
A nova previsão 168
O homem é o futuro da mulher? 169
Quando tudo se torna reversível 172
Amanhã, a Amazônia? 174

6. Identidade e pertença: as fraturas do social 176
Os dois pontos de vista 177
Uma criança cada vez mais rara 178
Crianças em cultura 179
Dos filhos do acaso aos filhos do programa 182
A criança do Estado 186
A criança corrigida 188
Um roteiro pessimista: rumo a uma sociedade de castas? 192
Um roteiro feliz: uma desforra do espírito 195

Conclusão 198
A transição permanente 198
Uma nova Idade Média 201
As ciências, para fazer o quê? 202

A grande diferença 203
Estamos em busca de humanidade 205
A vertigem como reconciliação 206

Anexos

Atitude dos franceses diante dos novos métodos de nascimentos assistidos. Um estudo da SOFRES 211
Uma intuição confirmada 229

Bibliografia 231

Introdução

O PORQUÊ DESTE LIVRO

O presente livro é uma exploração que tem por objeto, mas não por finalidade, as ciências biológicas. Propõe-se descrever as etapas do desenvolvimento das ciências do ser vivo e, principalmente, da genética e das ciências da reprodução. Serão tratados, portanto, temas como o surgimento das técnicas que permitem desenvolver nascimentos artificiais, a inseminação com doador até os bebês de proveta, as mães de aluguel até os embriões congelados; bem como as técnicas que levam às intervenções no capital genético. Mas o motivo e o motor deste livro estão noutro lugar. Na convicção de que a busca tenaz do saber nos conduz, com essas técnicas e com aquelas que se anunciam, a um ponto de ruptura. Que em seu jogo contra a natureza, que é o traço específico da ciência nascida da civilização européia, um período da consciência humana se consuma. Chegamos a um lugar em que o jogo do saber se torna capaz de modificar de forma decisiva o indivíduo, a sociedade, a espécie. Esse lugar é novo, inédito, ainda quase inexplorado.

Não nos entregaremos aqui a querelas éticas. O nosso propósito não é normativo e estamos persuadidos de que as bases atuais dos nossos julgamentos morais — a pessoa humana e a família nuclear — não bastam para esclarecer plenamente o assunto.

Durante muito tempo, provavelmente desde as origens da humanidade, as religiões ofereciam à memória inquieta dos homens uma perspectiva totalizante que permitia ao mesmo tempo dizer-lhes: "Eis os fins da espécie, eis o caminho a ser seguido pela humanidade" e acalmar assim essa inquietação constitutiva.

Nos últimos três séculos, desde que começou a lenta agonia do que, por vezes, se batizou de "a morte de Deus", as ciências modernas, ao se desenvolverem à sombra das religiões, embora quase sempre contra elas, continuaram, entretanto, a descrever-nos uma natureza dotada de leis imutáveis: que não reconheciam solução de continuidade entre o inerte e o vivente. Ciências para as quais tudo estava determinado no mundo desde o passado mais recôndito até o futuro mais distante. Esse determinismo, essa necessidade absoluta do devir ainda nos tranqüilizavam. Mas hoje, sobrevindo num contexto que elas contribuíram para constituir, as ciências, ao manipularem o ser vivo, fazem-nos descobrir que já não existe nenhuma perspectiva totalizante, nenhuma explicação única, e que a mudança, que é a única lei da evolução, procede tanto do jogo das técnicas que utilizamos quanto diretamente de nós mesmos, sem que por isso lhe conheçamos o sentido.

Essa situação é vertiginosa.

É por termos, com muitos outros, experimentado essa vertigem que formamos o projeto deste livro. Entretanto, antes de o empreendermos, hesitamos por largo tempo: além do fato de que não estávamos na posse de todos os meios de análise — um de nós é um especialista em reprodução humana, o outro um estudioso da informação —, não poderíamos recear ser as vítimas de uma ilusão de proximidade?

Não se trataria de um fenômeno superficial ou destinado a permanecer à margem? Temos a convicção absoluta de que se trata de um evento de suma importância. Não apenas em si, isolado do contexto no qual essas técnicas convergiram para nos dar o poder de modificar o patrimônio humano e seus modos de procriação, mas também como metáfora de todas as subversões para onde a nossa época de desordens e conflitos nos arrasta: da insegurança às ameaças contra a ecologia, da fragmentação do poder de direito à balcanização das populações.

Dado que o acontecimento não é um acidente mas a culminação de um longo processo que permanece, com freqüência, mal conhecido — nós recapitulamos na primeira parte deste livro as transformações por que tem passado o nascimento do filho do homem, desde a criança primitiva, fruto do acaso — ou quase, pois os casais desde sempre tentaram influenciar sua fecundidade — até a criança ideal dos países industriais de hoje, em que o seu nascimento é quase inteiramente controlado e sua "natureza primária" modificável.

Ao longo desses capítulos, tentamos expor os próprios fatos científicos e sua história. Para aqueles dos nossos leitores que os conhecem é facultativo saltar essas páginas, embora nos pareça que as tentativas balbuciantes das ciências e das técnicas, a intrusão de diversas ideologias científicas, elucidam vivamente os possíveis riscos da situação atual.

Em seguida, tentamos descrever essa situação em sua complexidade e interdependência com o contexto científico. A posição de vanguarda das ciências biológicas está, com efeito, muito estreitamente conjugada com os conceitos e as ideologias da própria ciência. Desde que é molecular, a biologia respeitante ao infinitamente pequeno já não pode satisfazer-se com os métodos de descrição antigos, que vão sempre da causa para o efeito numa marcha lógica e linear. De fato, o sistema da causalidade não basta para explicar uma organização, um organismo vivo. Agora, o movimento da novidade intervém com seu cortejo de variedades, de especificidades e também de heterogeneidades. Para o organismo vivo, à medida que se eleva na escala dos seres, a influência dos fatores exteriores recrudesce.

Com efeito, não se pode compreender o que é um ovário ou um testículo — essas glândulas do organismo concebidas para emitir ao longo de toda a vida reprodutiva os elementos da procriação, ou seja, os gametas — se não forem levadas em linha de conta duas séries de eventos. Por uma parte, o fato de que um e outro só existem no âmago de um organismo de nível superior — um ser humano — na composição do qual participam. Por outra parte, que em todos os momentos e em todos os níveis de organização, a ação de um ovário ou de um testículo sofre as influências internas e externas sobre o organismo em evolução: tanto os efeitos dos mecanismos hormonais acionados, por exemplo, quanto os do mundo ambiente: sua temperatura, seu grau de umidade ou o nível sonoro em que falam seus habitantes. Entre essa finalidade de um ovário ou de um testículo e suas conexões com o mundo exterior desenrola-se um sutil jogo de encerramento — da célula, do órgão, da humanidade inteira — em que as contribuições são recebidas ou rejeitadas em função da finalidade inclusa num código desde o começo. Na medida em que as ideologias científicas — seriam, aliás, éticas? — contribuem de um modo importante para estabelecer, corroborar ou destruir as ideologias políticas de hoje, tentamos aprofundar o exame de algumas dentre elas, como a sociobiologia.

Na última parte do livro, tentamos o mais perigoso dos exercícios, mas que é aquele que motiva também a nossa iniciativa: prever e imaginar a influência que advirá dos novos nascimentos e das intervenções genéticas sobre o futuro dos homens. Fizemo-lo sem perder de vista a constelação de mudanças que a nossa época conhece e da qual a procriática se nos apresenta como o paradigma. Não se trata de uma previsão a longo prazo, impossível de conceber sem assumir o risco de cair em todas as armadilhas da ficção científica. Quisemos restringir-nos aos próximos 30 anos; mas, em contrapartida, tentamo-lo com base no conjunto da evolução dos hábitos, dos costumes e das instituições. Se centralizamos a nossa pesquisa na mulher e na criança, foi porque, evidentemente, são esses os dois elementos da configuração social que mais claramente evoluíram no decorrer dos últimos 40 anos, acarretando por suas mudanças modificações decisivas — e a nossos olhos, com freqüência, irreversíveis — nas relações do casal, até o ponto de questionar a família nuclear monogâmica; na distribuição dos papéis femininos e masculinos no lar e no trabalho, até o ponto de remodelar o rosto do homem, tanto quanto o da mulher; na necessidade de identidade e de pertença dos indivíduos — crianças e adolescentes — até o ponto de modificar as estruturas da sociedade em suas relações entre os grupos de jovens e de velhos, e de fazê-la explodir em subgrupos e grupúsculos diversos; no modo de governo, até a multiplicação de centros de poderes dispersos.

Ingressamos numa época de transição, cremos, em que uma adaptação permanente dos indivíduos e das coletividades às circunstâncias que eles contribuem para suscitar e depois destruir num ritmo acelerado, sem conseguir até agora prevê-las, torna-se a única lei de referência. Com certeza necessitaremos todos, à medida que adquirirmos consciência disso, de construir para esse fim novos métodos da razão.

A informação pletórica e desordenada que é atualmente a única arma dessa conscientização não poderia convir-lhe. E no entanto, na ausência dessa conquista, a nova Idade Média em que entramos corre o risco de não conhecer uma Renascença. Enfim, tínhamos solicitado à SOFRES * que efetuasse uma pesquisa de opinião sobre a atitude dos franceses em face dos novos métodos de nascimentos

* Société Française d'Etudes Statistiques. (N. do T.)

assistidos. Dessa pesquisa, empreendida em abril de 1987, conhecemos os resultados no momento em que concluíamos o livro. O leitor os encontrará em apêndice. Digamos apenas, por enquanto, que ela nos confirma em nossa primeira intuição: o advento da produtica não é um evento marginal; já preocupa uma parte considerável da população, singularmente a sua parcela mais jovem.

PARTE I

Da procriação à reprodução

Capítulo 1

A criança antes de Malthus

A criança nem sempre foi aos olhos de seus pais e da sociedade o que ela é hoje na Europa. Apesar dessa evidência, inclinamo-nos a reduzir tudo ao que sabemos atualmente dela, a medir tudo pela bitola da nossa sensibilidade e dos nossos conhecimentos hodiernos. Temos a tendência para ver apenas essa criança rara e preciosa, programada, obtida somente quando é desejada e que, se é ainda a herdeira dos nossos bens e do nosso nome, é sobretudo o produto da educação que recebe e que desejamos seja a melhor adaptada possível ao futuro que a espera. Mas esse futuro, prevemo-lo cada vez com menos clareza: a educação, que tinha ontem por missão fazer da criança a melhor réplica possível do que eram seus pais, está agora em crise. Essa mudança, que se produz sob os nossos olhos e cujas conseqüências são imprevisíveis, basta para nos advertir de que o rosto da criança, suas funções, seu preço aos olhos de seus pais, tiveram de conhecer inúmeras transformações através das épocas e dos países. Sua procriação depende muito estreitamente, de fato, da sociedade na qual ela é chamada a comparecer. A lei primordial da espécie, que quer que os homens cresçam e se multipliquem em função do que a fisiologia lhes permite, é efetivamente modelada, desde sempre, pelos costumes. Estes adaptaram-se às necessidades da sobrevivência e ajustaram-se aos desejos que a sociedade suscita nos indivíduos. Não pretendemos, neste capítulo, apresentar uma descrição exaustiva dos diversos rostos da criança, mas mostrar que a reprodução humana nunca foi absolutamente natural, ora acercando-se da fecundidade "natural", ora distanciando-se dela. Até onde remontam os testemunhos da História, observa-se que os humanos utilizaram meios variados para ajustar ao seu modo de vida o número de filhos. Recorreram com tanta freqüência aos meios de contracepção e de aborto facultados pelo saber de seu tempo quanto ao abandono e à eliminação dos recém-nascidos. Essa vontade, variando de intensidade em função das calamidades: fomes, guerras, epidemias que impunham sua regularização própria dos nascimentos, constitui um fenômeno inteiramente permanente.

As mulheres, os homens, as sociedades, os poderes públicos jamais aceitaram que a criança seja o fruto de uma produção cega. Para mostrá-lo, escolhemos evocar três períodos sobre os quais existem documentos que nos permitem descobrir os diversos rostos da criança: a Antigüidade romana, a Idade Média e a Europa ocidental nos séculos XVII e XVIII.

ROMA: A CRIANÇA RARA E EDUCADA

Na Antigüidade romana, a reprodução humana não é um simples fato biológico: os principais meios de regularização dos nascimentos — o termo é evidentemente anacrônico — são utilizados de maneira aberta e legal. "O nascimento de um romano não é somente um fato biológico", escreve Paul Veyne [1] em seu livro *Histoire de la vie privée,* acrescentando que a contracepção, o aborto, a exposição das crianças de nascimento livre e o infanticídio só serão malvistos e depois ilegais "após a propagação da nova moral a que, de forma concisa, se dá o nome de estoicismo". Até então, era o pai quem decidia sobre a vida da criança ou seu abandono. De fato, a mentalidade romana entrega-se muito pouco à boa natureza: de acordo com o que sabemos hoje no tocante ao poder multiplicador da espécie, a população do Império deveria ter se desenvolvido muito mais do que efetivamente ocorreu e extravasado seus limites. Estimativas baseadas em várias fontes permitem fixar em três filhos a norma das famílias romanas: para evitar os outros, além do aborto e da exposição (abandono de um filho a fim de se subtrair à obrigação de o criar e educar), parece ter sido utilizada toda uma série de métodos contraceptivos, desde a lavagem de asseio após o ato sexual até os pessários e espermicidas. Se apenas se cria um pequeno número de

[1] Cf. lista de obras consultadas, pp. 231–232.

filhos, é provavelmente porque a regra manda que sejam educados. Em Roma, como na Grécia, ter um filho significa muito mais do que pô-lo no mundo: é também criá-lo, instruí-lo, formá-lo — tudo aquilo que os gregos entendem sob o termo de *paideía* — com vista a fazer dele eventualmente o seu herdeiro, portanto, a torná-lo digno disso. Essa concepção muito moderna da criança tem lugar, porém, numa família que possui pouquíssimas relações com as famílias de hoje. Em Roma, a família é a casa. As casas romanas são muito amplas e, sobretudo, povoadas de escravos ou de ex-escravos alforriados. Não existe a família "natural"; mas, se algumas crianças da casa, nascidas de escravas, podiam ser do senhor, este não as reconhecia como filhos: a bastardia estava proscrita. E no entanto — paradoxo aparente — a herança não pertencia somente ao filho do sangue: uma criança adotada podia ser igualmente beneficiada. O senhor dispunha de seus bens como melhor entendesse.

Não é inútil sublinhar que esse *status* da criança e de sua herança situa-se num contexto de grande estabilidade política: as estruturas da vida social são fixas e pouco ou nada evoluem; singularizam-se por uma distância social — e econômica — notável entre as classes, entre os "bem-nascidos" e o outros, encontrando essa distância sua principal ilustração numa moral educativa privilegiada. Vê-se surgir aqui o vínculo que se reencontrará ao longo de toda a história da reprodução humana na Europa entre a educação dos filhos e o seu número: quando existe vontade educativa, quando a criança não é um homem em miniatura, mas um ser que passa por treinamento e evolução, sofre, portanto, uma seleção desde o nascimento.

A partir do século I depois de Cristo, quando se impõe uma moral que pode resumir-se na expressão "a moral do coração simples", ou seja, aquela que pede aos homens que abandonem a astúcia e a ambição, que se neguem à competição e à agressividade, que se considerem irmãos iguais e amando-se uns aos outros — esse foi o momento em que a educação começou a perder sua importância. À medida que diminuem, ao mesmo tempo, as diferenças sociais instauradas pelas antigas estruturas romanas, os romanos cristianizados começam a conservar todos os seus filhos, como já o faziam os egípcios e os judeus. Não é por acaso que, em 319, o primeiro imperador cristão, Constantino, se vê obrigado a decretar a pena de morte contra o infanticídio, e que em 374 essa condenação estende-se à exposição dos recém-nascidos.

A IDADE MÉDIA: A OBSESSÃO DA CRIANÇA

Os estudos sobre as atitudes e os comportamentos em face da procriação humana na Idade Média ainda são raros. Aliás, seria necessário distinguir as situações durante a alta Idade Média, ao longo dos séculos XI e XII, e, mais tarde, no decorrer dos três séculos que precederam a revolução dos costumes dos séculos XVII e XVIII.

O conjunto do período designado como a "Idade Média" (da queda de Roma à de Constantinopla) possui, entretanto, alguns traços permanentes. Trata-se de um mundo instável, ameaçado por todos os lados e, sobretudo, pela falta de crianças. Um mundo de futuro incerto, um mundo, por outro lado, pouco compreensível pelos homens que nele vivem. Nessa Europa inquieta, cria-se um corpo social único, mas variegado, em que as idades e as condições sociais se acotovelam sem distância entre elas. "Vivia-se no contraste", escreve Philippe Ariès. Um contraste grosseiro: se a família tinha por função assegurar a transmissão da vida, dos bens e dos nomes, ela não se preocupava com questões de sensibilidade em relação a seus membros. Assim, ela havia abandonado — esquecido — a *paidéia* dos antigos e, como considerava a criança um homem pequeno, dava pouca importância à sua educação: a aprendizagem pelo exemplo, pela experiência e pela ação era precoce.

Escreve Michel Rouche: "Essa humanidade superestimava os valores da força, da procriação e da saúde física e moral." Superestimar a importância da procriação? Sem dúvida, mas a necessidade ditava a lei! Entre os séculos V e VIII, a mortalidade infantil, por exemplo, na Normandia e no Norte da França (45%), iguala a taxa de natalidade. Isso quer dizer que a renovação das gerações se processa com dificuldade. Toda a Idade Média, entre a queda de Roma e Carlos Magno, está obcecada pelo medo da extinção humana. Reina um verdadeiro terror do mundo vazio.

Para se fazer uma idéia da demografia desse período, pode-se observar o que se passa hoje nos países do Terceiro Mundo, onde a população é em grande maioria jovem graças a essa taxa de procriação muito elevada que fornece crianças em bom número, mas graças também às vacinas e aos antibióticos que as impedem de morrer. Na Idade Média, esses recém-nascidos e essas crianças pequenas morriam em grande número pela falta de cuidados.

Essa obsessão de um desaparecimento dos homens ajuda a entender melhor as disposições tomadas pela sociedade franca para favorecer a procriação. O homicídio de uma jovem livre custava muito caro ao assassino: 600 soldos, enquanto o homicídio de uma mulher na menopausa saía pela bagatela de 20 soldos. Mas a mais cara de todas era a mulher grávida: se ela sucumbia às pancadas recebidas — prática que parece freqüente —, 700 soldos de multa, ao passo que, se a criança morria num aborto provocado por tais sevícias, esta só valeria, por sua parte, 100 soldos.

No final do século VI, o rei Gontran introduz algumas modificações nessas multas: a mulher grávida que sucumbe às pancadas custa então 600 soldos, mas agora, o feto, se for do sexo masculino, custará mais 600 soldos ao homicida.

Vemos surgir assim uma verdadeira hierarquia dos valores humanos: na base da escala, as mulheres que ainda não podem ou que já não podem mais ter filhos: a menina ainda não núbil e a velha; mais acima, o rapaz; no topo, a mulher grávida e imediatamente abaixo dela a mulher em idade de procriação. Note-se que, na época, a média de idade do casamento está em 12 anos. Essa hierarquia mostra de maneira inequívoca o que é essencialmente a mulher: mãe. Ela só conta na medida em que o é ou o pode ser. É o que explica também que toda e qualquer tentativa de aborto fosse punida com grande severidade. O mesmo rei Gontran estabelece uma multa de 62 soldos e meio para a mulher que ministra a outra, como escreve Michel Rouche, "uma poção mágica de ervas e plantas abortivas, provocando a sua esterilidade". Esta última medida mostra claramente que o aborto subsiste, assim como, aliás, a prática da exposição. Entretanto, o abandono já não acarreta a morte como outrora: se um padre proclama do púlpito a descoberta de uma criança exposta e ninguém a reclama, ele pode entregá-la ao seu "inventor", isto é, àquele que a descobriu, que se torna seu proprietário, cria-a e faz dela um escravo.

A repulsa que a palavra escravo suscita hoje com certeza não é justificada pelo que se sabe do seu *status*: já na Antigüidade o escravo é bem-tratado e, na Idade Média, recebe um tratamento ainda melhor porquanto a criança, rara, era um bem precioso. É que no "mundo vazio" que caracteriza a Europa, a procriação torna-se uma obrigação de sobrevivência para as populações: tudo é sacrificado ao número dos homens. É para se assegurarem de sua capacidade de sobrevivência que os valores de força, de potência física, de treinamento físico, são superestimados: o músculo, a agilidade, a rapidez de ação e de reflexo, a indiferença aos sofrimentos do outro e mesmo aos seus próprios, eis o que é pregado e, por conseqüência, nasce um mundo violento.

O traço dominante da Idade Média não deixa de ser o *status* da criança, quando esta é abandonada a si mesma a partir do instante em que adquiriu um mínimo de autonomia. Espera-se dela que assuma sua posição no revezamento com vistas à sobrevivência, que assegure a perenidade da espécie e que, desde muito cedo em sua vida, a partir dos seis ou sete anos, dê provas de que é um pequeno homem, capaz, como adulto, de trabalho, portanto de produção.

OS SÉCULOS XVII E XVIII EUROPEUS: A REVOLUÇÃO SENTIMENTAL

As nossas sociedades deste final do século XX sabem que dependemos do êxito do nosso sistema de educação: para se dar conta disso, basta considerar as discussões e polêmicas em torno da escola. Um mesmo sentimento parece ter se propagado no início do século XVII, quando se assiste a um regresso ao sistema da Antigüidade: a educação. O historiador dessa verdadeira revolução, Philippe Ariès, descreve assim a influência do fenômeno sobre a família da época: "A família deixa de ser somente uma instituição de direito privado para a transmissão de bens e do nome; ela assegura uma função moral e espiritual, forma os corpos e as almas."

E a criança, por esse mesmo fato, deixa de ingressar na vida ativa aos seis ou sete anos de idade. Não é mais considerada um adulto em escala reduzida, um homenzinho, mas tão-somente o filho do homem, que necessita de uma formação, inclusive de um treinamento, a fim de ocupar mais tarde o seu lugar na sociedade. Para a sociedade, mais do que de procriar, a vontade é de se reproduzir. Essa formação, esse adestramento, é a escola que vai permiti-los; é aí que se lhe ensina a tornar-se um herdeiro, o dos valores e dos bens de sua família. Num documento de 1609, publicado em Leiden, na Holanda, exprime-se bem o que está aqui em questão: "Os pais que se preocupam com a educação de seus filhos têm direito a mais honras que aqueles que se contentam em fazê-los nascer. Dão-lhes não só a vida, mas uma vida boa e sã. É por isso que esses pais têm toda a razão em enviar seus filhos desde a mais tenra idade ao mercado da verdadeira sabedoria (o colégio), onde se converterão nos construtores de sua própria fortuna, em ornamentos da pátria, da família e dos amigos." No colégio, a criança do século XVII não é separada de sua família, permanece em seu seio e só mais tarde entrará na vida ativa da sociedade. Essa proximidade com a família, que desempenhará um papel tão grande no desenvolvimento dos sentimentos entre os pais e a criança, tem, no entanto, um óbice: a privação de liberdade.

Esse sentimento de amor, esse "amor obsessivo", como o batizou Ariès, vai aprofundar suas conseqüências no decorrer desses dois séculos e desenvolver, simultaneamente, o espírito de família, o espírito de classe e talvez até o espírito de raça. Esse amor é seletivo: utiliza o controle dos nascimentos, a protelação do casamento e outras práticas: o infanticídio, a exposição e o aborto.

O CASAMENTO TARDIO

O casamento tardio, associado a um forte celibato definitivo, constitui o que se rotulou de "modelo europeu de casamento". No centro desse modelo, a criança com o amor e a sociedade amorosa que ela suscita. Para ser amada como deve ser, a criança exige que o casamento e a família que assim se funda tenha uma outra missão além de transmitir a vida bruta, o nome e os bens. A seu serviço, os reformistas religiosos — católicos e protestantes — fazem-se os divulgadores de uma educação capaz de criar herdeiros nas classes dominantes e, de um modo singular, na burguesia, que foi a primeira adepta dos novos costumes. Essa educação é exigente em tempo e em competências; seu preço é elevado; ela requer que as crianças não sejam muito numerosas. E, como a contracepção — que registra um forte desenvolvimento — é recusada pelas Igrejas, estas dão prioridade ao casamento tardio. Com efeito, dado que somente o matrimônio autoriza, na época, as relações sexuais, basta protelar a sua data para diminuir drasticamente as probabilidades de procriação. Trata-se, aliás, do método a que recorre a China atual. O exame das dispensas eclesiásticas permite-nos saber que a idade do casamento situava-se, durante a primeira metade do século XVII, em Canterbury, na Inglaterra, em mais de 26 anos para os homens e 24 anos para as mulheres. Os casamentos nos reinados de Luís XIV e Luís XV celebram-se entre homens de 27 anos e mulheres de 25. Paralelamente, encontra-se em quase toda a Europa, nas mesmas épocas, um forte celibato definitivo que continuará sendo registrado até o século XX. Com efeito, ainda em 1900 a percentagem de homens celibatários de 45 a 50 anos de idade é de 9% na Alemanha, 16% na Bélgica e Suíça, 20% na Irlanda. A de mulheres celibatárias é ainda mais elevada: 10% na Alemanha, 20% em Portugal, 29% na Irlanda.

Se adicionarmos ao casamento tardio e ao celibato outros fenômenos próprios dessas épocas — 10% das mulheres morrem no parto; 50% das crianças morrem ao nascerem ou com pouca idade; o aleitamento preconizado para dois ou três anos diminui os riscos de nova gravidez durante esse mesmo lapso de tempo — compreende-se que a fecundidade das mulheres seja muito escassa.

ABANDONOS E INFANTICÍDIOS

Tanto a exposição de recém-nascidos quanto os infanticídios não estiveram ausentes durante a Idade Média. Entretanto, parece que o rigor dos tempos e a pobreza das subsistências, em conjunto com a renovação da vontade das famílias de criar os filhos que conservam, levaram a partir do século XVII a um retorno às antigas práticas. O surgimento do sentimento para com a criança está, provavelmente, na origem da diminuição relativa dos infanticídios em benefício dos abandonos: J.-L. Flandrin assinala, com efeito, que a diminuição da mortalidade infantil constatada no século XVII não se pode explicar por razões médicas ou higiênicas, que virtualmente nada melhoraram, e que cumpre, talvez, admitir que se parou de deixar morrer, ou de ajudar a morrer, as crianças que não se queria conservar. Entretanto, elas ainda morriam, sufocadas na cama dos pais onde dormiam, pois a vida da criança era então considerada com a mesma ambigüidade com que o é hoje a vida do feto, salvo que o infanticídio permanecia enterrado no silêncio, ao passo que hoje o aborto é reivindicado publicamente. "É toda a diferença entre uma civilização do segredo e uma civilização da exibição", comenta Philippe Ariès. Mais freqüentemente do que mortas, as crianças eram, portanto, expostas.

No começo do século XVII, as crianças depositadas na roda dos expostos da igreja de Notre-Dame de Paris eram criadas na *conche,* uma pequena casa situada nas vizinhanças do palácio episcopal. Tenon descreve os numerosos abusos que aí foram cometidos: "As criadas, fatigadas com a assistência que davam às crianças, fizeram com estas um comércio escandaloso; vendiam-nas a 20 soldos por cabeça para pretensas operações de magia; [...] as crianças eram transportadas para perto de Saint-Victor. As doações de algumas pessoas virtuosas não eram suficientes para garantir a subsistência de todas as crianças, cujo número se tornara excessivamente grande; tiravam-se à sorte as que seriam criadas." Graças a São Vicente de Paula, foi então tomada uma série de medidas em favor das crianças encontradas, mas, aumentando o seu contingente de ano para ano, as despesas ultrapassavam as receitas. Em 1670, um edito real criou o *Hôpital des Enfants Trouvés.* No século XVIII, os abandonos de crianças assumiram proporções importantes, já não se limitando às classes indigentes. Sobretudo, a partir de 1795, generalizam-se os abandonos diretos pelas parteiras, as amas-de-leite ou os pais. Enquanto antes a criança levava seu nome, sobrenome e data de batismo, agora apenas se exige uma certidão de nascimento. Mais um passo na direção do anonimato foi dado com a instituição das Rodas. A palavra junta-se, desde 1649, à de janela do hospital: é o local onde são expostas as crianças abandonadas. O estabelecimento das Rodas parte da louvável intenção de impedir o infanticídio, mas abre a porta para todos os abusos, uma vez que consente o anonimato. Além disso, não protege a criança. Segundo Guyonnet, "a menção 'encontrado morto na Roda' que se repete com tanta freqüência nos registros de inscrição significa obviamente que a Roda nada mais era, para certas mulheres, do que uma discreta vala comum onde se podia pretextar sempre ter depositado uma criança misteriosamente desaparecida".

Em 1780, o abade Malvaux chama a atenção dos poderes públicos para o recrudescimento do número de exposições em Paris: em 1670, 322 crianças; em 1680, 890; em 1700, 1.738; em 1748, 3.150; finalmente, em 1776, 6.149. Esta última cifra representa mais de um terço do número de crianças que nascem em Paris no mesmo ano: 18.919. "Essa progressão fatal merece, sem dúvida, a atenção do governo. Por pouco que ela continue, antes de um século todas as crianças se encontrarão sem pai e sem mãe, todos os pais e todas as mães pretenderão não ter tido filhos." Essas crianças abandonadas conhecem, aliás, uma mortalidade muito elevada: Lallemand assinala que, num total de 42.760 crianças abandonadas, o número de mortes é de 13.481, ou seja, perto de um terço.

Também eram levadas para Paris as crianças do interior, amontoadas em carroças, jogadas a esmo, transportadas por carroceiros que faziam desse tráfico um comércio. Para Gerondo, em 1772, foi constatado que, de 56.800 recebidas em nove anos em Paris, 16.200 provinham de longínquas províncias... em cada dez crianças nove pereciam no caminho. Em 1779, Luís XVI promulgou um decreto inibindo e proibindo todos os carroceiros de se encarregarem do transporte de crianças recém-nascidas.

Quando um terço dos recém-nascidos são abandonados e um terço desses abandonados morrem, não se pode duvidar, evidentemente, da eficácia do abandono e do infanticídio — ao menos por falta de cuidados — como meio de regularização da natalidade. Tudo isso, segundo parece, com a finalidade de criar bem aqueles filhos que se conservam e que serão os herdeiros. Pode ser motivo de espanto, certamente, que a sensibilidade para com uma criança não tenha constituído um freio a tais práticas. Deve-se crer que a preocupação e o desvelo para com a criança escolhida e selecionada por esses métodos preponderavam sobre o sofrimento gerado pelo sacrifício dos outros filhos. Afinal, não nos movem hoje grandes suscetibilidades quando tomamos conhecimento de abortos praticados antes das dez semanas de gravidez, tal como são correntemente feitos. Não se poderá dizer então que, ontem como hoje, a preocupação com a qualidade da descendência predomina sobre uma recusa do "excesso de bocas"? Com freqüência, os sentimentos convivem bem com a hipocrisia. Henri Bergues escreve a esse propósito, em referência aos séculos XVII e XVIII: "Uma vez que a mortalidade não era total, que havia sobreviventes em número pouco conhecido, o espírito público podia aceitar sem relutância o flagelo, pensando, não sem hipocrisia social, que as crianças mortas tinham sido designadas pela divina Providência, que assim assumia sua parcela de responsabilidade." E acrescenta: "O remorso social existia, mas sua voz não era bastante forte nem seu julgamento bastante preciso para consternar a sociedade, quer no sentido próprio, quer no figurado."

TÉCNICAS CONTRACEPTIVAS DE EFICÁCIA DESIGUAL

No decorrer dos três períodos aqui evocados, a regularização dos nascimentos assentou sobretudo no infanticídio, na exposição das crianças e na protelação do casamento. Outros métodos foram utilizados, mas é lícito duvidar da eficácia das práticas e técnicas tentadas para obter uma contracepção. Freqüentemente irracionais, esses métodos serão, porém, sempre ineficazes? Nada de menos seguro — singularmente no que se refere a Roma.

No Egito, um papiro datado de 1550 a.C. prova que a mulher tinha conhecimento da contracepção: trata-se da aplicação vaginal de uma mistura de excrementos de crocodilo, mel e goma. Utilizava-se também no Egito o tampão vaginal feito de linho desfiado e misturado com o pó extraído de ramos de acácia triturados: a goma arábica contida na acácia possui, com efeito, acidez suficiente para destruir os espermatozóides — cuja existência, convirá dizer, é inteiramente ignorada nessa época.

Os hebreus conheciam e praticavam o *coitus interruptus,* do qual nenhuma menção é feita em Roma. Sabe-se pelo capítulo 38 do Gênese: "Onã sabia que os filhos que nasceriam não seriam seus [o levirato obrigava-o a esposar a mulher de seu irmão morto] e, por isso, cada vez que se unia à mulher de seu irmão deixava cair por terra o sêmen, para não dar descendência a seu irmão." Mas os hebreus utilizavam também substâncias esponjosas intravaginais e praticavam a expulsão do esperma por lavagem, tal como os romanos.

O mesmo ocorria na China, na Índia, no Japão, no Islã. As técnicas são diversas; na maioria dos casos, não se faz distinção entre práticas contraceptivas e práticas abortivas, provavelmente porque se ignorava então a fisiologia; não se sabendo como era fabricada uma criança, era-se levado a confundir a contracepção com o aborto.

As diferenças de meios dependem da variedade das estruturas sociais e culturais.

Nenhuma medida logrou jamais suprimir os abortos: sabemo-lo de resto na França, na época contemporânea, mas foi igualmente em vão que Luís XIV renovou as disposições de um edito de Henrique II que condenava "ao derradeiro suplício" as mulheres culpadas de aborto. E foi em vão que o presidente do parlamento de Paris, Lamoignon, ordenou aos curas de paróquia que mantivessem um registro das mulheres que lhes declarassem, no segredo da confissão, ter "morto ou sufocado" os frutos de seus ventres. Os padres assim fizeram, mas as mulheres persistiram. A invenção de processos anticoncepcionais nunca esmoreceu. Em 1689, Jean Chandelier, médico em Rouen, fez abortar sua amante por meio de uma sonda composta de dois elementos que se aparafusavam um no outro. As matronas perfuravam as membranas do óvulo com agulhas compridas. A partir do século XVII e no final desse mesmo século, uma mulher de nome Lepère, comprometida no caso dos venenos, foi também acusada de ter perpetrado vários milhares de abortos graças a um procedimento hoje largamente divulgado em obstetrícia, mas que ela teria sido, ao que parece, a primeira a utilizar: a instilação, entre a parede interna do útero e as membranas do óvulo, de diversos produtos líquidos, freqüentemente cáusticos. Mas, como a infecção era freqüente, ela engendrava ora a esterilidade, ora a morte.

Que a própria morte fosse assim afrontada mostra a amplitude que pode assumir a recusa de um filho. Uma recusa que devia gozar de certo consentimento, certa anuência social, pelo menos passiva, como testemunha o recurso freqüente ao aborto... que necessita de cumplicidade. Por conseguinte, a procriação humana não é "natural" e jamais o foi em parte alguma. Se a ordem do Gênese "Crescei e multiplicai-vos" passa por ser, com razão, um imperativo categórico da espécie, todas as épocas, em todas as regiões do mundo, se assinalaram pela vontade dos indivíduos de controlar sua fecundidade: de arrancar à natureza, ao costume, à religião, a livre decisão de ter ou não filhos.

Capítulo 2

A criança desde Malthus até hoje

Como foi que, de uma procriação "selvagem", chegamos ao planejamento muito ordenado dos nascimentos de hoje em dia? É esse encaminhamento que o presente capítulo tenta seguir. Ele leva em conta a regularização do número de crianças pela quantidade de alimentos disponíveis — durante largo tempo constrangedora —, mas também o lento surgimento de um desejo dos casais de obterem filhos que se lhes assemelhem: que os reproduzam em suas maneiras de viver e sejam os herdeiros de seus bens, mas também de suas concepções do mundo. Neste último traço reside, talvez, o fato humano.

As ciências e as técnicas que essas concepções produzem participam desses movimentos: a vontade dos casais de terem herdeiros corre parelhas com a vontade de compreender o mundo, de o subjugar. No projeto de virem a ser os senhores do mundo e de si mesmos, os homens vão suscitar os meios de seus poderes. É da dialética entre as formas dessa vontade e os progressos das técnicas que se engendra o caminho que seguimos aqui.

O FILHO DO HOMEM

Durante muito tempo, as catástrofes naturais, as fomes, as epidemias, as invasões e as guerras contribuíram amplamente, à sua maneira brutal e aparentemente cega, para regularizar a relação entre a alimentação disponível e o número de indivíduos. No mundo que sucede à queda do Império Romano do Ocidente, é a vertigem do vazio que reina sobre os sobreviventes: eles não são mais de 1 ou 2 milhões nesse imenso espaço que outrora via prosperar cidades, cada uma delas milionária em habitantes. E, durante vários séculos, o clima e a inexistência de técnicas de culturas eficazes conjugam-se de tal maneira que a população estagna: ela é, sem dúvida, ameaçada de desaparecimento por diversas vezes. A acreditar num historiador como Pierre Chaunu e nos vínculos que ele estabelece entre a densidade humana necessária ao crescimento das civilizações, compreende-se o longo silêncio do espírito que, da queda de Roma até Carlos Magno (800), se estende sobre o Oeste da Europa.

Essa regularização da demografia pelos víveres é a mais importante limitação feita aos nascimentos até os alvores do século IX. Abaixo de uma alimentação mínima, a mulher, com efeito, através de mecanismos fisiológicos mal elucidados, não procria mais do que raros filhos. Quando de uma fome provocada em Amsterdã pela última guerra mundial, assistiu-se efetivamente a uma verdadeira derrocada do número de nascimentos, e o mesmo fenômeno produziu-se, em condições análogas, em Leningrado. Trata-se de um fenômeno de adaptação automática, tudo se passando como se, em vez de correr o risco de procriar em circunstâncias desfavoráveis filhos doentios, anormais, inadaptados à vida, o organismo feminino preferisse não os ter. A necessidade da subsistência leva nesse caso a melhor sobre a pulsão de procriação. No início do século IX, uma outra etapa é alcançada. Sob o efeito, pensa-se hoje, de um clima mais clemente — um aumento de um ou dois graus de temperatura basta para modificar radicalmente o rendimento das colheitas —, os víveres aumentam e também o número de crianças. É a época da reconquista das terras à natureza selvagem: jeira por jeira, em alguns séculos, as culturas vão estender-se pela totalidade dos territórios da Europa Ocidental. Até o momento em que todas as terras foram desbravadas e cultivadas. Então, deixa de interessar a uma família ampliar seu território, mas o que importa é reparti-lo entre seus descendentes segundo os direitos de sucessão, aliás variáveis. Aqui, somente os filhos varões terão direito à herança; ali, os filhos e as filhas; acolá, somente o primogênito ou morgado. A preocupação nasce da preservação do patrimônio adquirido no seio de uma mesma família, segundo regras que evitam uma exagerada fragmentação dos bens. Compreende-se que o número de filhos suscetíveis de herdar desempenha aqui um papel essencial. É a época em que protelar o casamento serve para evitar um excessivo parcelamento das terras.

Só casando as filhas a partir dos 25 anos, encurta-se de muitos anos o período de fecundidade e, portanto, o número de filhos possíveis. Mas a preocupação de conservar a integridade de uma terra, criando apenas um número limitado de filhos, desenvolve também relações afetivas entre pais e filhos, as quais tinham até então permanecido muito bisonhas. E assim é que o filho deixa de ser apenas o herdeiro de bens materiais, mas torna-se o depositário de um patrimônio mais sutil feito de regras de conduta, de maneiras de viver, de gostos, de opções, de sentimentos que acabam por constituir uma cultura familiar.

Instala-se então um estilo de vida que, por incitações e interdições, liga entre si os membros de uma família e logo de uma sociedade, através de algumas concepções fundamentais: o sangue e a herança, a propriedade dos bens materiais e culturais, a vontade de progresso. Assim se inventam maneiras de viver que traduzem exteriormente a pertença dos indivíduos a uma família e a uma comunidade: todos os entrelaçamentos de conveniências e de precedências, de maneiras à mesa e na conversação, de diversão, de jogos, de ritos...

Há três séculos que a herança na Europa coincide com o surgimento e depois a instalação da burguesia, e ostenta as marcas dessa classe social. As regras do direito; o respeito à propriedade e ao contrato; o sentido do negócio e da economia; o gosto pelo conforto; o uso das comodidades mais diversas da vida cotidiana... todo esse conjunto contraditório e vivo que ainda hoje constitui o discreto charme que nossa sociedade desprende.

Ora, essa herança burguesa construiu-se sobre uma constante sem a qual nenhuma de suas características teria podido elaborar-se: a regularização dos nascimentos é a condição *sine qua non* do seu desenvolvimento; é a garantia de sua perenidade no futuro. Esse fato, uma vez reconhecido, exige ser teorizado. Através do filho, é um sistema de valores que se transmite e se perpetua. Já não se procria; agora se reproduz, em conformidade com um modelo.

O FILHO DOS RICOS

Na segunda metade do século XVIII, Thomas Robert Malthus ilustra essa nova visão da produção de filhos. Isso ocorre num momento em que, apesar dos primeiros progressos das ciências da reprodução efetuados desde finais do século XVII, elas não desempenham ainda nenhum papel motor na evolução dos costumes e das idéias. Entretanto, a partir de 1672 e 1677, descobrem-se o óvulo e os espermatozóides: em 1672, é o holandês De Graaf quem descreve nos ovários ou "testículos femininos" pequenos montículos, ou folículos, e deduz disso que a mulher põe ovos que são fecundados pela *aura seminalis,* ou seja, a emanação do sêmen masculino: uma espécie de vapor. Em 1677, isto é, cinco anos mais tarde, são dois outros holandeses, Ham e Loewenhoeck, que anunciam a descoberta da presença de animálculos no sêmen do carneiro: os espermatozóides. Pensa-se que esses animálculos imitam o comportamento do animal do qual são criundos. Entre os humanos, descrevem-se os pequenos, os grandes, os fortes, os fracos, os masculinos, os femininos. . .

Portanto, desde 1677, o mundo científico dispõe de conhecimentos essenciais que poderiam permitir a compreensão do mecanismo da reprodução do ser vivo. . . e, no entanto, ninguém imaginou a fecundação!

É que, na época, impõe-se uma teoria dominante, a da "pré-formação", que pretende que todo novo ser esteja inteiramente pré-formado naquele — ou naquela — que o vai dar à luz. Assim, como imaginar a necessidade de um encontro?. . . Será necessário aguardar mais um século, antes de se poder afirmar que, para dar nascimento a esse novo ser, é absolutamente imprescindível que óvulo e espermatozóides se encontrem. Para o provar, o abade Spallanzani veste sapos machos com uma espécie de cueca e observa que as fêmeas colocadas em contato com eles permanecem estéreis, ao passo que com os sapos "nus" elas concebem.

Mas quando, em 1798, Thomas Robert Malthus escreve o seu *Ensaio sobre o princípio da população,* não é essa descoberta científica que o clérigo de Albany evoca. . . mas as restrições econômicas.

Esse livro é um grito de alarma. A Inglaterra está ameaçada de um desequilíbrio fatal entre uma demografia em rápido desenvolvimento e uma produção alimentar demasiado escassa. Estamos em pleno período de liberalismo industrial. Aos olhos do pastor inglês, os pobres são os responsáveis por sua miséria quando concebem um número excessivo de filhos — e, por conseqüência, convém reduzir essa classe social. Mesmo que o eugenismo espreite sob as razões econômicas evocadas, são estas últimas que determinam, com efeito, suas convicções e regem sua demonstração. Na primeira edição do *Ensaio,* encontra-se esta frase que desaparecerá das edições seguintes: "Um homem que nasce num mundo já ocupado, se não pode obter de seus pais a subsistência, e se a sociedade não tem necessidade do seu trabalho, não tem nenhum direito a reclamar a menor porção de alimento e, de fato, ele está a mais." E, para ser perfeitamente claro, Malthus conclui: "Ela ordena-lhe que se vá embora e dá prontamente execução às suas ordens, caso esse homem não possa recorrer à compaixão de alguns dos convivas do banquete."

O que justifica uma posição tão extrema é que a situação que a Inglaterra conhece, aos olhos do bom pastor, não é passageira. Escreve ele: "A raça humana crescerá segundo a progressão 1, 2, 4, 8, 16, 32, 64, 128... enquanto os meios de subsistência crescerão segundo a progressão 1, 2, 3, 4, 5, 6, 7... Ao cabo de dois séculos, profetiza ele, população e meios de subsistência estarão na relação de 256 para 7..." Ainda não chegamos hoje a esse ponto, 190 anos mais tarde, embora uma argumentação do mesmo tipo seja freqüentemente desenvolvida a propósito dos países do Terceiro Mundo e a base de numerosas políticas anticoncepcionais esteja inserida na solução proposta por Malthus: "Não trazer ao mundo filhos se não se está em condições de alimentá-los."

A única medida recomendada por Malthus, remetendo-se à vontade individual de cada pobre para implementá-la, é um remédio "moral": a abstinência. Não acredita em qualquer outro meio e critica duramente a reativação pelos poderes públicos da época da lei dos pobres que vinha em auxílio dos necessitados sem oferecer-lhes, porém, recursos comparáveis aos dos nossos atuais sistemas de Previdência Social. Escreve Malthus: "A quantidade de alimentos consumidos nos asilos e distribuídos a uma parcela da sociedade que se pode considerar como a menos interessante diminui de outro tanto a parte que cabe aos membros mais laboriosos e mais dignos de recompensa." A abstinência! É certo que essa "pílula" não recebeu uma acolhida muito calorosa por parte de um povo muito distanciado das virtudes estóicas. De fato, o malthusianismo, em sua primeira investida, não teve a menor influência sobre a demografia, e a curva de nascimentos continuaria ainda por muito tempo preocupante por seus desempenhos exageradamente bons, tanto na Inglaterra quanto no continente europeu.

O CONTROLE DA NATALIDADE: A SOCIEDADE CONTRA OS INDIVÍDUOS

A série de movimentos hoje englobados pelo termo "neomalthusianismo" só possuem entre si um único ponto comum: todos propõem, como solução para uma demografia que julgam importante demais, o controle da natalidade. Até o desenvolvimento fulminante das ciências da reprodução a partir do período entre duas guerras, ou seja, de 1800 aproximadamente até 1920, a ideologia e a propaganda é que são os motores desse controle.

Durante a primeira metade do século, os eventos científicos e médicos são raros: entretanto, os médicos abrem pela primeira vez o ventre de mulheres para as aliviar de tumores e acedem assim diretamente aos órgãos genitais em atividade. Convém saber que até então, embora a prática da autópsia date do século XVII, o interior do corpo "em atividade" era praticamente desconhecido. Os biólogos limitam-se a descrever a fecundação nos animais. Mas, no início do século XIX, aquilo que hoje se denomina ginecologia era simplesmente inexistente: os partos são praticados, de forma exclusiva, por matronas e parteiras.

A primeira operação ginecológica é obra de um cirurgião norte-americano, MacDowell, que, no Kentucky, retira com êxito um tumor do ovário. Na época, os quistos ovarianos, não tratados, evoluíam durante anos, atingindo volumes impressionantes — um peso, às vezes, de vários quilos — e segregando em quantidades enormes — várias dezenas de litros — um líquido ou ascite. As pobres mulheres macilentas, caquéticas, terminavam a vida asfixiadas pelas dificuldades respiratórias resultantes da compressão do abdome.

Na França, a primeira operação desse tipo foi realizada por Woyerkowsky, em 1844, no Doubs: tratava-se de um tumor ovariano sólido de seis quilos, complicado por uma ascite de 30 litros. O interesse dessas cirurgias — que só passarão a ser prática corrente a partir de 1864 — reside no fato de que os médicos se defrontam finalmente com a anatomia, a fisiologia e a patologia dos órgãos femininos: dos ovários doentes eles vão passar aos ovários normais e às modificações cíclicas, conhecimentos sem os quais os desenvolvimentos da contracepção não teriam sido possíveis.

Nesse meio-tempo, os anatomistas, na esteira da descoberta de Spallanzani, interessam-se pelos ovários dos mamíferos: se já se sabe que o espermatozóide, que se pode observar com lupa ou ao microscópio, é o responsável "masculino" pela fecundação, não se compreende muito bem como o ovário, essa glândula sólida, pode fabricar em sua superfície um pequeno montículo chamado folículo, que vai ele próprio expulsar um óvulo. Em 1827, von Baer descobre, na cadela, que o óvulo é uma parte minúscula do folículo em comparação com a vesícula germinante (a gema) que Purkinje acaba de descrever pouco antes no ovo das aves. Em 1843, Barry descreveu a fecundação do óvulo da coelha, enquanto Coste, utilizando um microscópio que amplia 300 vezes, descreve a cavidade do útero feminino após as regras. Foi o primeiro do mundo a observar um óvulo humano que acabara de ser implantado no útero de uma mulher: esta suicidara-se pouco antes.

É durante a primeira metade do século que se publica em Londres, em 1822, o livro de Francis Place, *Illustrations and Proofs of the Principle of Population.* Nesse livro, às razões de limitação dos nascimentos baseadas em misérias físicas vêm somar-se as misérias morais. Francis Place, antigo desempregado, ex-mendigo, ex-alfaiate que virou político, segue de muito perto o discurso de Malthus; entretanto, já não propõe a solução da continência. Não podendo recorrer a métodos que as ciências da reprodução não lhe fornecem, propõe um método provavelmente já divulgado há muito tempo nas populações e que George Drysdale batizará mais tarde de "controle da copulação".

É em torno desse método que Place organiza a propaganda do *birth control* através de toda a Inglaterra. Para tanto, recorre a uma nova arma de comunicação: a publicidade. As autoridades da época acham que ele a manipula com habilidade diabólica: seus folhetos, com efeito, são redigidos em função do público a que ele se dirige: os casais; os burgueses, que desta vez não são excluídos; os operários; os celibatários, etc. Nesses folhetos, que vão inundar a Inglaterra setentrional superpovoada, trata-se essencialmente, portanto, de prevenção, o famoso "controle da copulação". Apesar de certa aceleração durante a segunda metade do século, os progressos científicos continuam lentos, e é a propaganda anticoncepcional que dominará ainda a situação por muito tempo. Contudo, os cirurgiões, animados pelo emprego da anestesia e da antissepsia, começam a tratar os fibromas, o câncer do colo do útero e as infecções das trompas. Em 1873, Lawson Tait opera a primeira salpingite e é também ele quem demonstra que as hemorragias abdominais das mulheres estão associadas, na maioria dos casos, a uma gravidez extra-uterina desenvolvendo-se numa das trompas. Operando muito precocemente, os cirurgiões tomaram assim conhecimento do percurso do óvulo humano na trompa, em contracorrente rumo ao útero. Mas, se os cirurgiões fazem alguns tímidos progressos, os médicos marcam passo. Os microscópios permitem ampliações de mil vezes, mas não é mais na descrição e estudo das estruturas celulares que se registrarão agora progressos nas ciências da reprodução... Entretanto, uma última descoberta descritiva: em 1883, Van Beneden, estudando o ovo de ascarídeo, descobre que esse ovo fecundado contém quatro cromossomos, ao passo que existem apenas dois em cada um dos núcleos dos gametas masculino e feminino (óvulo e espermatozóide); nasce nesse instante a relação entre hereditariedade e reprodução.

Vê-se, pois, no decorrer desse meio século, que nem sempre são as ciências que levam a melhor, mas a propaganda: e é a precaução durante as relações sexuais, postulada por Place, que toma o lugar outrora ocupado pela abstinência de Malthus.

Os economistas Robert Owen e John Stuart Mill vêm em reforço de Place, o primeiro com *A fisiologia moral* e o segundo com os *Princípios de economia política.* Mas o porta-voz do "controle da copulação" é George Drysdale, que, em 1854, em *The Elements of Social Science on Physical General and Natural Religion,* escreve: "Só existe um meio de superar, de assegurar a cada um de nós seu quinhão de alimento, de amor e de lazer, sem o que a sociedade nada mais é senão um caos de egoísmos, de injustiças e de misérias... Estou convencido de que esse meio acabará por ser universalmente adotado, apesar da oposição com que se defrontará no início. [...] O meio de que estou falando é a copulação preventiva. Entendo por tal o coito acompanhado de precauções que impedem a fecundação."

Ao pé da letra, o desafio persiste.

Na época, semelhante propaganda é muito mal recebida pelos poderes públicos. A Inglaterra do século XIX, ainda mais do que a do século XVIII, tem necessidade de braços — mesmo que sejam braços de crianças — para as suas indústrias. É o primeiro episódio de uma oposição entre os interesses demográficos do Estado e o desejo de filhos dos indivíduos. A altercação torna-se muito viva quando Knowlon, nos Estados Unidos, dá seguimento à ação de Drysdale e lança-se, em Boston, numa campanha que, desta vez, não recua diante dos conselhos práticos. Como bom vitoriano e puritano, Drysdale sempre se ativera ao combate de idéias. Knowlon publica *Frutos de filosofia,* em que os métodos de contracepção da época são ilustrados com reproduções anatômicas. Um livreiro inglês que ousou publicar a obra foi condenado a dois anos de trabalhos forçados. Uma nova onda de propaganda responde a essa pena, orquestrada desta vez por uma jovem, Anne Besant-Bradlaugh. Ela e seu editor são perseguidos e presos (1877). O "martírio" dos dois serve, como é da praxe, para promover ainda mais a causa dos métodos contraceptivos e leva, no mesmo ano, à criação da Liga Malthusiana, a qual vai lutar em prol da abolição das penas que atingem a discussão pública — a publicidade — em torno dos problemas de população.

A SELEÇÃO DOS MAIS APTOS

Florescem outras ligas e associações. Na França, após ter fundado um dispensário onde são administrados às mulheres pobres conselhos práticos de contracepção, Paul Robin, ex-aluno da Escola Normal Superior, funda a Regeneração Humana. Com efeito, ele imagina que nascimentos pouco numerosos dão filhos inteligentes, fortes e sãos. No editorial programático de Regeneração (1899), ele acentua os aspectos eugênicos da teoria malthusiana. E escreve: "Queremos aplicar os dados positivos das ciências biológicas e sociais de maneira que as próximas gerações não sejam mais, como a nossa e as que nos precederam, os frutos tantas vezes não desejados de uma paixão irrefletida, mas de pais responsáveis [...] sabedores da tarefa que empreendem, podendo e querendo consagrar à educação do filho que vão trazer para a vida uma inesgotável boa vontade, um saber produzido por sérios estudos." E mais adiante: "Compete a eles [aos homens de ciência] formar a humanidade para que dê o primeiro e o mais sério passo no caminho de sua emancipação, para que a mulher conquiste a liberdade da maternidade." E mais: "Consideramos uma grande falta familiar e social trazer ao mundo crianças cuja subsistência e educação não estarão suficientemente asseguradas no meio onde elas atualmente nascem." Subsistência e educação regem as condutas dos pais, mas também o progresso da humanidade. Desta vez, o eugenismo passa para o primeiro plano: a subsistência está assegurada ou quase; o que doravante é visado é um aperfeiçoamento das gerações mediante uma seleção dos nascimentos. É esse deslizamento das idéias que vai ao encontro do recrudescimento das aspirações do movimento feminista e que ele abraça. Em 1902, Robin é aplaudido por uma assembléia composta exclusivamente de mulheres, quando do Congresso do Trabalho Feminino reunido nos hibernáculos da cidade de Paris; na época, a reivindicação feminina recai essencialmente sobre o direito ao trabalho. Mas esses aplausos das mulheres são os únicos que Robin recolhe; seu movimento esbarra na oposição dos poderes públicos, mas também na dos repopulacionistas que se inquietam com as curvas demográficas descendentes.

Apesar dessas oposições, durante os anos que precedem a Grande Guerra, a sorte da partida, jogada em surdina, pende para o lado do controle dos nascimentos. Por quê? Dois fenômenos parecem ter convergido a seu favor: o gosto da burguesia pela conservação de um patrimônio que a herança não disperse por um número excessivo de beneficiários da partilha, e a lenta desideologização de movimentos que doravante pretendem estar mais concentrados, de maneira prática, na vida dos indivíduos: na mãe e na criança.

APARECEM AS MULHERES, AS DESCOBERTAS MULTIPLICAM-SE

Após a Grande Guerra, a situação evolui de maneiras divergentes na França e nos três outros países onde a limitação dos nascimentos se converteu num combate: a Inglaterra, os Estados Unidos e a Holanda. Nesses países, três mulheres encarnam uma luta que se torna a do feminismo: Alette Jacobs, Marie Stoppes e Margaret Sanger.

Na Holanda, em face de poderes públicos conciliatórios, a contracepção obtém sem grandes dificuldades importantes êxitos: esse país é o primeiro a fundar uma liga que recebe um selo oficial por decreto régio; é também o primeiro a pôr em uso prático a invenção de F. A. Wilde, o primeiro diafragma oclusivo (trata-se de uma lamela de borracha cercada de um anel que mantém a placa no fundo da vagina); enfim, a Holanda é também o primeiro país a implementar um ensino prático da contracepção pela boca da Dra. Alette Jacobs.

Na Inglaterra, essa entrada das idéias na prática produz-se em 1921 com a abertura em Londres da *Mother's Clinic* por Marie Stoppes e seu marido, Roc. Desde o primeiro ano de existência da clínica, a atividade aí desenvolvida é muito importante: 5.000 consultas em 12 meses, sendo a grande maioria de mulheres casadas. A partir de Londres, tendo por *slogan* "A jubilosa maternidade consciente e liberada", Marie Stoppes criou clínicas itinerantes que percorrem o país. Assiste-se em alguns anos a uma verdadeira banalização dos meios anticoncepcionais. Em seu livro de 1927, intitulado *La question eugénique dans les divers pays,* importante fonte de informações para essa época, Nisot escreve: "No bairro de Southwark (Londres), as mulheres do povo declaram que vão à clínica como se fossem aos banhos; e, nos salões, as respeitáveis senhoras discutem correntemente as vantagens deste ou daquele contraceptivo, como se discorressem sobre a supremacia naval britânica ou as qualidades de tecidos..."

Nos Estados Unidos, grandes obstáculos legais entravam o movimento a favor do controle da natalidade. É contra essas leis que vai construir-se a obra de Margaret Sanger. Nascida de uma mãe exaurida por 11 maternidades, ela é enfermeira e assiste cotidianamente aos abortos e seus dramas. Entre essas duas circunstâncias, descobre a condição da mulher. Em 1912 escreve *O que cada mulher deveria saber,* produto de suas emoções e de sua vontade. O combate contra as autoridades trava-se desde a primeira página do livro: o que cada mulher deveria saber? "Nada que seja por ordem do governo!" Margaret Sanger viaja para a França, onde se encontra com Paul Robin. Quando regressa aos Estados Unidos e quer publicar o seu segundo livro, *Family Limitation,* não o consegue: nenhum editor quer correr o risco. Então, ela divulga seus escritos por via postal, mas cai sob a alçada lei Comstock, a qual interdita a circulação de informações anticoncepcionais — tal como ocorrerá alguns anos mais tarde, na França, com a lei de 31 de julho de 1920. Margaret Sanger é perseguida; muda-se para a Holanda e para a Inglaterra. Quando volta de novo aos Estados Unidos, é para abrir desta vez uma primeira clínica no Brooklyn. É detida e enviada para uma penitenciária, e recusa-se a negociar sua liberdade contra a aceitação e o respeito da lei.

Se se beneficia de um vasto apoio da classe médica americana. que se revela maciçamente favorável à contracepção, Margaret Sanger sofre, em contrapartida, além da oposição ferrenha dos poderes públicos, a dos católicos e da classe trabalhadora. Sem a nítida evolução dos costumes na juventude, ela não teria, talvez, logrado prosseguir em sua ação denodada e contribuir, como se dirá, para o surgimento da contracepção moderna.

Contrariamente ao que se passa ao longo de todo o século XIX e até à Primeira Guerra Mundial, desta vez os progressos científicos multiplicam-se.

No início do século, já se conhecia a necessidade de fecundação de um oócito por um espermatozóide para se obter uma concepção. Já se começara, inclusive, a praticar inseminações artificiais em mulheres estéreis. Sabia-se que o óvulo é produzido por um folículo no ovário — mas ignorava-se quando e como, e a própria noção de uma mensagem transmitida no organismo pelo sangue era inutilizada em biologia. E no entanto, em 1909, Cushing nos Estados Unidos e, em 1912, Camus e Roussy na França tinham observado que a destruição de uma glândula do cérebro, a hipófise, ou de uma região do cérebro, o diencéfalo, acarretava atrofias genitais (diminuição do volume e da função das glândulas genitais): tinha de haver, portanto, uma mensagem e um comando dessa mensagem. Mas qual era a natureza delas? Estava-se longe da concepção de um código e mais longe ainda de sua decifração.

Em 1911, Iscovesco — que criará mais tarde um importante laboratório de produtos farmacêuticos — informa à Sociedade de Biologia de Paris que obteve um extrato de ovários contendo substâncias gordurosas capazes de aumentar o peso do útero da coelha. A palavra "hormônio", ou seja "substância segregada por uma glândula e enviada para o sangue a fim de provocar um efeito a distância", ainda não era conhecida, mas era efetivamente de um hormônio que já se tratava.

Nesse mesmo ano de 1911, na Alemanha, Klein descreve uma substância hipotética — obteve sinais de sua existência, mas não a isolou — a que dá o nome de "foliculina". Mas será preciso esperar até 1923 para que um jovem anatomista americano, Edgar Allen, mostre a influência da quantidade de substância ovariana sobre o efeito obtido. Allen pensava que o óvulo era o centro autônomo que deflagrava o crescimento do folículo. E, em 1925 — as coisas precipitam-se —, Zondeck e Ascheim, respectivamente na Alemanha e na França, indicam que implantando um fragmento de ante-hipófise numa rata jovem, obtêm em três dias o desenvolvimento de um folículo no ovário. Portanto, a hipófise envia uma mensagem ao ovário e este responde com outra mensagem. Está descoberto o código.

São, pois, os ginecologistas e aqueles que na época se designam como anatomistas que, com meios aleatórios de pesquisa, descobrem e isolam no prazo de 20 anos, de 1909 a 1929, os hormônios femininos.

Após esse impulso, as descobertas precipitam-se. Encontram-se e doseiam-se hormônios nas urinas: assim se descobrem os "prolans" nas urinas de mulheres grávidas — o que constituirá a base dos testes de gravidez; isolam-se dois hormônios hipofisários: um, o hormônio folículo-estimulante, estimula o crescimento e a maturação do folículo primário ovariano; o outro hormônio transforma-o em corpo lúteo...

Em 1930, um japonês, Ogino, estudando as relações entre o momento de uma relação sexual única e a ocorrência de uma gravidez, estabelece que a fecundação deve situar-se no 14º dia após o primeiro dia das regras. Durante séculos, essa data permanecera misteriosa e estimava-se quase sempre que o período do ciclo não tinha influência alguma sobre a fecundação. A partir de então, os calendários e as tabelas Ogino prosperam. Lamentavelmente, as mulheres, não avisadas, imaginam que a ovulação se faz de modo fixo cada mês... e engravidam involuntariamente quando sua ovulação está defasada no tempo. De fato, foi necessário esperar pelos trabalhos do francês Raoul Palmer, sobre as curvas de temperatura das parisienses, para se compreender que a ovulação é variável no tempo, ao passo que a duração de vida do corpo lúteo é fixa: 14 dias.

Em 1935, quando de uma conferência internacional, adota-se o nome de "progesterona" para o segundo hormônio ovariano, aquele que, segregado após a ovulação pelo corpo lúteo, prepara o útero para a implantação do óvulo e depois permite a gravidez.

Durante os anos que precederam a Segunda Guerra Mundial, assiste-se a um desenvolvimento fulgurante de laboratórios de produtos farmacêuticos que "apostam" nos hormônios. Na França, os laboratórios do Dr. Roussel comercializam assim os primeiros preparados hormonais e inscrevem-se numa trajetória que vai fazer deles uma das maiores firmas farmacêuticas mundiais.

Nunca será demais enfatizar a importância dos investimentos de pesquisa e de indústria para o futuro da limitação dos nascimentos: o envolvimento das firmas farmacêuticas foi decisivo, sem dúvida, nesse momento.

A química registra progressos e, entre as numerosas substâncias que têm uma atividade hormonal, obtém-se na Inglaterra o dietilestilbestrol. É um acontecimento: não se trata de um hormônio natural, mas de um produto inteiramente sintético cuja fórmula química foi imaginada e que tem os mesmos efeitos que a foliculina. O aparecimento desse produto transtorna por completo o mercado comercial dos hormônios naturais e numerosos laboratórios partem para a pesquisa de outras substâncias sintéticas.

AS CIÊNCIAS A SERVIÇO DAS MULHERES

Entre 1937 e 1939 toma-se conhecimento de que os estrógenos e a progesterona em doses muito fortes e em injeções intramusculares podem impedir a ovulação. Mas as complicações acarretadas por essas fortes dosagens tornam inutilizável esse método contraceptivo.

Durante a guerra, laboratórios farmacêuticos norte-americanos sintetizam compostos artificiais que obtêm os mesmos efeitos que a progesterona natural, e um grupo de investigadores da Worcester Foundation for Experimental Biology, ao qual pertencem M. C. Chang e G. Pincus, interessa-se pela ação desses novos hormônios sobre a fecundação. Chang mostra, em primeiro lugar, que é possível inibir a fecundação na rata, e Pincus menciona, no congresso de Tóquio em 1955, a possibilidade de utilizar os mesmos compostos na mulher — com vistas a uma contracepção oral. Quando de seu regresso aos Estados Unidos, durante um banquete organizado no âmbito de uma campanha a favor do controle dos nascimentos, Margaret Sanger oferece publicamente a Pincus os meios financeiros necessários para fazer entrar na realidade a sua afirmação pela poderosa associação americana de planejamento familiar.

Dois progestativos retêm a atenção de Pincus. Obtém a colaboração de dois ginecologistas, Rock e Garcia, e empreende uma experimentação clínica em Porto Rico... sem o acordo de qualquer autoridade administrativa! É lícito crer que, em nossos dias, as autorizações necessárias não teriam sido obtidas em menos de alguns anos. A pílula nasceu em Porto Rico, mas a pílula de Pincus está excessivamente dosada e, com o passar dos anos, consegue-se diminuir as doses ao mesmo tempo que se descobrem novos compostos sintéticos; aprende-se a reconhecer as contra-indicações e as modalidades de supervisão dessa contracepção oral que se estende rapidamente nos países industrializados.

Desde as primeiras publicações científicas, a vanguarda dos médicos e biólogos compreende, com efeito, que se trata de uma revolução, mesmo que não adivinhem todas as transformações sociais que a pílula acarretará. Em todos os países do mundo industrializado, os laboratórios farmacêuticos comercializam então os contraceptivos orais, que os médicos receitam. Na França, os doutores Lagroua-Weill-Hallé e Pierre Simon enfrentam os anátemas do Conselho da Ordem dos Médicos e fundam, em 1959, o Movimento Francês de Planejamento Familiar. O fenômeno alastra-se e em 20 anos atinge a China comunista, a América Latina católica e a África subdesenvolvida. São hoje milhões de mulheres que tomam "a pílula". Elas encontram aí a arma absoluta, um meio totalmente eficaz contra o filho não desejado, e esse meio encontra-se nas próprias mãos delas.

Nesses poucos anos, todos os tabus se desmoronam: a mulher, senhora de sua fecundidade, conquista sua liberdade sexual. E, como sempre ocorre, no começo do uso de toda a liberdade nova, usa-a prodigamente.

Hoje, os casais unem-se e vivem segundo novos *status* que nascem de novos comportamentos sexuais, e as relações — inclusive as relações de poder — entre o homem e a mulher evoluem sem que se possa prever até onde.

Mas o triunfo da pílula repercutiu sobre a contracepção em geral e levou à pesquisa de outros métodos. Desde agora, com *sterilets* inofensivos, esponjas eficazes, diafragmas, etc., as mulheres dispõem de um vasto leque de técnicas que permitem escolha e mudança. Em último recurso, a interrupção voluntária da gravidez pode, num país como a França, corrigir o erro ou o esquecimento.

Atualmente, as pesquisas orientam-se para o aperfeiçoamento de métodos mais específicos, que deverão agir ou no momento preciso da fecundação ou no da implantação do óvulo, sem modificar assim de maneira permanente o resto do ciclo feminino ou a espermatogênese no homem.

A GRANDE MUTAÇÃO

Em 1950, Tijo e Levan enumeram os cromossomos do homem: são 46. Esse número diferencia-nos das outras espécies animais. Para se chegar a esse total de 46, prepara-se em cada indivíduo uma divisão por dois de seus cromossomos — uma meiose —, o que permite a cada gameta — o oócito e o espermatozóide — prover 23 cromossomos portadores, com os 23 cromossomos oriundos do parceiro, da hereditariedade completa do futuro indivíduo. Ora, essa divisão — a meiose — tal como essa adição — quando do encontro de dois gametas — podem dar lugar a erros, como acontece na distribuição de um jogo de cartas. Lejeune e Turpin puderam assim estabelecer que a primeira anomalia descrita — o mongolismo ou trissomia 21 — era devida a um cromossomo em excesso, precisamente o 21º. A partir dessa data, compreende-se melhor um grande número de aberrações da reprodução: malformações, abortos espontâneos, etc. E já o interesse se desloca predominantemente para o processo da própria fecundação, em vez de se debruçar sobre os mecanismos que a governam.

É por esse caminho que um fisiologista inglês, R. E. Edwards, apaixonado pelo estudo da fecundação no animal, procura realizá-lo também na mulher. Por muito tempo, suas diligências em Cambridge e Londres com vistas a obter oócitos humanos foram infrutíferas; os médicos dos hospitais consultados consideram, de fato, que os esforços de Edwards são simplesmente utópicos. Ele vai então aos Estados Unidos, onde se encontra com um casal de ginecologistas, Georgina e Howard Jones, conhecido por seus trabalhos sobre o corpo lúteo. Edwards demonstra que a fecundação do oócito é possível fora do corpo humano — *in vitro* — tal como já fora possível na coelha.

Volta à Inglaterra a fim de trabalhar nessa fecundação *in vitro* que sabe agora possível. Durante uma reunião do Real Colégio de Ginecologistas Britânicos, os participantes são surpreendidos pela veemência de Patrick Steptoe: esse ginecologista de Oldham, uma pequena cidade do Lancashire, no Norte da Inglaterra, contradiz seus colegas, projetando-lhes *slides* de folículos humanos feitos durante celioscopias; essa técnica de observação endoscópica, aperfeiçoada por Raoul Palmer, permite, com efeito, observar o aparelho genital feminino por meio de um pequeno tubo óptico introduzido, sob anestesia, através do umbigo. Edwards aproveitou o ocasião: Steptoe, ao fotografar os folículos, estaria em condições de recolher os oócitos? O "sim" de Steptoe inaugurou uma colaboração excepcional entre um biólogo e um clínico: várias vezes por mês, Edwards percorre as centenas de quilômetros que separam o seu laboratório da cidade de Oldham. Após inúmeras observações e verificações, Edwards e Steptoe decidem tentar o tratamento de mulheres estéreis pela fecundação *in vitro* do oócito humano. Em agosto de 1978, estoura num mundo atônito e, por um momento incrédulo, a notícia do nascimento de Louise Brown, o primeiro ser humano concebido em laboratório.

Vários milhares de crianças *in vitro* nasceram até hoje entre as mãos de centenas de equipes. E já a fecundação *in vitro* não é mais do que um meio entre outros de tratar as esterilidades ou de prevenir as anomalias da reprodução. O verdadeiro romance picaresco que, de 1750 aos nossos dias, fez alternar e conjugar-se a previdência ecônoma dos casais, a vontade de emancipação das mulheres e o desenvolvimento hoje explosivo das disciplinas da reprodução, acabou por produzir essa criança nova, mais rara e ainda mais preciosa, que atualmente nos interpela. Qual será o seu *status?* Qual será a sua significação no seio dos casais: pelo investimento que ela exige, pela soma de desejos que pressupõe, pela obsessão em que pode converter-se? Em que direção fará evoluir as nossas sociedades?

Capítulo 3

A genética modifica o vivente

O rosto da criança herdeira, da criança escolhida, da criança rara e preciosa, conhecerá uma nova e decisiva transformação? Chegaremos amanhã a modificar a nossa descendência, a suprimir suas doenças e defeitos, a anular suas desvantagens; iremos melhorar seu rendimento e seus desempenhos? Ou será que, arrebatados pela vertigem da criança perfeita, já escolhemos uma direção em que o futuro nos escapa, a direção dos aprendizes de feiticeiros do ser vivo?

A criança, outrora resultado bruto da criação e que hoje ainda sucede a seus pais herdando ao mesmo tempo seus traços, seus bens e seus valores, transformar-se-á amanhã num novo homem, sofrerá uma mutação? É a interrogação que hoje somos levados a formular diante dos primeiros efeitos do encontro entre as técnicas de nascimentos artificiais, que não pararam de progredir, e as possibilidades abertas pelas aplicações da genética humana — a ciência que conheceu, no transcurso da segunda metade deste século inacabado, um impulso inesperado. São os súbitos avanços da genética e as profundas transformações que eles já provocam, por seu poder de modificação do vivente, que vamos descrever nas páginas que se seguem.

O DOGMA CENTRAL

O que é que se esconde sob as inumeráveis aparências das formas vivas? Como se explica a diversidade infinita desse mundo do vivente? Como é que o que está dotado de movimento e de autonomia, que se reproduz, cresce e morre, possui tantos aspectos diferentes? Será necessário que nenhuma unidade reúna todas essas formas e que cada uma se distinga de todas as outras, tanto no fundo quanto na aparência? Certos homens e, mais do que todos os outros, os adeptos das religiões monoteístas, jamais renunciaram a essa necessidade de unidade. Eles não descansaram enquanto não encontraram — ou supuseram ter encontrado — esse princípio único que lhes revelava o segredo das aparências, reduzindo-as a fenômenos fictícios e passageiros.

Para os homens de ciência da tradição judaico-cristã, embora tenham na grande maioria das vezes exercido suas disciplinas em ruptura com os dogmas religiosos, esse pressentimento do Um por trás do Múltiplo nunca esteve ausente. As ciências da Europa, apesar da liberdade de suas técnicas e de suas manipulações, de suas audácias e de seu rigor, foram e continuam a estar obcecadas pela nostalgia de uma unidade original. É esse espectro do deus escondido, do deus do alhures que com certeza se manifesta bem perto de nós quando se constitui, no auge dos anos 50 deste século, "o dogma central". Ele descreve a estrutura e o funcionamento do ser vivo. De todo vivente, da bactéria ao elefante, do espinheiro-alvar ao homem — quaisquer que sejam as variedades de formas e de aparências — a partir de um ácido.

Tudo é emanação desse início absoluto: o ácido desoxirribonucléico ou ADN. Esse ADN forma uma longa cadeia enrolada sobre si mesma no seio de cada célula e encerra o patrimônio genético de todo vivente: planta, animal ou homem. A cadeia de ADN, que se reproduz por desdobramento e forma uma dupla hélice, da qual uma pá é o negativo da outra, está constituída por quatro "bases" químicas que se sucedem como as pérolas de um colar. É na cadeia de ADN que se situam os genes, podendo cada um destes ser considerado uma página do livro que, inteiro, contém o capital genético que forma um dado ser vivo. A diversidade do vivente nasce da disposição e do encadeamento, diferente de cada vez, de espécie para espécie, mas também, no seio de uma espécie, de um indivíduo para outro, das figuras dessas entidades e de sua sucessão. Os caracteres hereditários de uma espécie que passam dos pais para o filho não são, portanto, uma reprodução global daqueles neste, nem tampouco mensagens que, provenientes dos corpos dos pais, se redistribuiriam no corpo do filho.

A hereditariedade, segundo o dogma central, é uma soma de nucleotídeos dispostos num jogo, sendo os caracteres do indivíduo comandados por cada um dos nucleotídeos. Os jogadores de cartas sabem que, com o mesmo baralho de 52 cartas, o aleatório da distribuição redunda em milhões de repartições diferentes. Uma vez repartidas, as cartas classificadas numa ordem dada vão determinar a particularidade de cada jogo para cada jogador que, por sua vez, determinará em parte os resultados, por sua ciência do jogo. Esse "dogma central", expressão utilizada por Francis Crick, o elucidador com James Watson da estrutura do ADN, funda em 1953 a biologia molecular, que, numa quinzena de anos, se converte na referência maior das representações que os cientistas de hoje fazem do mundo animado. Por conseguinte, tudo é governado por essas moléculas invisíveis que, segundo as leis, regulam as condições da vida e da morte dos indivíduos e das espécies — mas não parecem ter outra finalidade, outro sentido, senão a perpetuação por reprodução desse ácido desoxirribonucléico, esse ADN em cujas iniciais alguns quiseram ver, não sem uma ironia conjuratória talvez, as consoantes isoladas de ADONAI, que significa Deus em hebraico.

Desde então, nós, homens, que somos uma dessas aparências assumidas pelo ADN, temos assistido com interesse e ansiedade ao nascimento e, depois, ao desdobramento do "dogma central" em múltiplas aplicações. Interesse admirativo por ciências que foram capazes de decifrar o mistério da origem. Atenção e apreensão em face das técnicas de intervenção no ser vivo que o dogma não pára de suscitar para vencer as nossas doenças, proteger a nossa saúde, melhorar os nossos rendimentos e facilitar a nossa presença no mundo, mas que, sentimo-lo confusamente, ameaçam a nossa integridade, a nossa autonomia e até mesmo, talvez, a nossa liberdade.

BREVE RETORNO AOS ENCONTROS MALOGRADOS

O que se produziu em 1953 teria podido, teoricamente, produzir-se mais cedo. Uma primeira vez, foi pouco tempo depois de Johann Gregor Mendel (1822-1884) ter lançado os fundamentos da ciência da hereditariedade. Filho de camponeses pobres da Morávia, viu durante toda a sua juventude o pai enxertar e cruzar. Essa prática hortícola encontra nele, quando ingressou no mosteiro de Brunn (hoje Brno), onde os monges o instruem em ciências, uma intensa curiosidade pelos problemas da evolução. Como se formam as espécies? pergunta-se Mendel. Como se cria a diversidade delas? Entrega-se então, como o pai, à tarefa de cruzar e de enxertar, mas o que ele quer compreender é o que vêm a ser os descendentes dos híbridos que ele cria. Até este momento, considera Mendel, os experimentadores observaram um número insuficiente de híbridos e escolheram mal os caracteres que diferençavam os pais entre si. Para os seus experimentos, escolheu a ervilha (*Pisum sativum*), e as espécies que ele cruza são puras, estáveis há várias gerações e que só diferem entre si por um número reduzido de caracteres, mas muito precisos e reconhecíveis, que permitem, diz Mendel, "uma separação nítida e segura".

E o que ele descobre é muito diferente das explicações fornecidas até então, de Hipócrates a Darwin, para quem cada parte do corpo de um organismo, cada uma de suas células, produz um germe de si mesmo, uma "gêmula". É essa gêmula, segundo todos os autores que o precederam, que tem lugar nas células germinais e que, na geração seguinte, reproduz a célula de que é oriunda. Ora, o que Mendel observa em suas ervilhas híbridas, vermelhas e brancas, de sementes rugosas e lisas [1], é que, em primeiro lugar, se duas variedades diferem por um único caráter na primeira geração, os híbridos são semelhantes a um só dos genitores e nunca ao outro: as ervilhas híbridas são todas brancas ou todas vermelhas. Ele designa o primeiro caráter pelo termo "dominante"; e o outro pelo termo "recessivo", visto que, com efeito, na segunda geração obtida desses primeiros híbridos, os dois caracteres "dominante" e "recessivo" aparecem, desta vez, um e outro. Se batizarmos o caráter dominante de *A* e o caráter recessivo de *a,* obteremos na descendência do híbrido *A/a,* onde somente o caráter *A* era visível, quatro combinações, quatro tipos de ervilhas: *A/A, A/a, a/A* e *a/a.* Só o primeiro e o último são puros. Mas, nos três primeiros, o caráter dominante é o único visível: são brancas, ou vermelhas, embora suas estruturas sejam, de fato, diferentes. Já não se pode admitir, portanto, que

---

1 *1ª geração*: cruzam-se ervilhas de sementes rugosas e lisas. *2ª geração*: todas as ervilhas são lisas. Cruzam-se todas, *3ª geração*: reaparecem as ervilhas rugosas e lisas.

o caráter observável de uma espécie de ervilha baste para designá-la: é necessário conhecer, para se pronunciar, o que determina esse caráter. Em outras palavras, os caracteres nada mais são do que traduções de elementos escondidos a que Mendel deu o nome de "fatores". Cada fator condiciona um caráter observável. E a ervilha possui cada fator em dois exemplares, um proveniente do ovo, o outro do pólen. Explicará mais tarde François Jacob: "O que transmite a hereditariedade não é, pois, uma representação global do indivíduo, nem uma série de emissários oriundos de todos os pontos do corpo dos pais para se reorganizar na criança como as pedras de um mosaico. É, sim, uma coleção de unidades distintas, cada uma das quais rege um caráter." Ora, quatro anos depois de Mendel ter apresentado, em 1865, à Sociedade de História Natural de Brno, o sistema de repartição de suas ervilhas vermelhas e brancas, rugosas e lisas, e a maneira como esses caracteres se separam na segunda geração, Frederick Miesch descobre o ADN (1869) e pretende até, durante um breve momento, que esse ácido está no centro dos mecanismos da hereditariedade. Mas os tempos não estão maduros... E quando, em 1905, Bateson utiliza pela primeira vez o termo "genética", depois Johannsen, em 1909, o de "gene", nem um nem outro estava a par da existência do ADN. Entretanto, em 1901, Morgan associara aos cromossomos os fatores determinantes da hereditariedade de Mendel, doravante chamados genes, e lançava assim as bases da teoria cromossômica da hereditariedade. Segundo ele, os genes estão dispostos ordenadamente dentro de estruturas lineares, de "grupos de ligação", os cromossomos. Mas essa descrição permanece teórica, porquanto continua se ignorando a natureza dos genes, como eles atuam no seio do vivente, como podem produzir aparências tão diferentes quanto as que observamos na natureza.

O encontro deixa de se produzir uma segunda vez quando Fulgen, em 1923, reencontra o ADN de Miesch e demonstra que o ácido se localiza nos cromossomos. E, no entanto, as coisas ficam por aí! Não chegou ainda o momento: as condições não estão reunidas, como se diz quando se renuncia a explicar por que um olhar de cientista não ligou um ao outro, num dado momento, dois fenômenos feitos para se conjugarem, se ele podia perfeitamente estar vendo ambos.

Na época, todas as esperanças se concentram na possibilidade de perceber os cromossomos e os genes: os progressos da óptica e da microscopia permitirão em breve, pensa-se, enxergar no seio dos cromossomos — porquanto se pensa que aí se alojam, numa ordem ainda imprevisível — os genes.

O terceiro encontro, enfim, foi o bom. Ele projeta-se a partir de 1944, quando Avery demonstra que, se se purifica e transfere o ADN de um dado organismo para uma bactéria, *Eschericia coli,* vê-se aparecer os seus caracteres hereditários. Portanto, os determinantes da hereditariedade, os genes, situam-se no ADN: ele é o vetor da especificidade hereditária. Em 1953, Watson e Crick elucidam a forma desse ADN, descobrem sua construção, sua arquitetura, e descrevem-na: trata-se de um extenso polímero ao longo do qual se repetem milhões de vezes quatro unidades em ordens diferentes o tempo todo: como as letras de um alfabeto formam palavras ao correr deu um texto. Esse polímero tem a forma de uma dupla hélice e a informação genética que aí está contida "programa" através das diversas formas das quatro unidades de base os quatro nucleotídeos — a síntese das proteínas. Essas proteínas são os tijolos para a construção do organismo; eles edificam e fazem funcionar todos os seres vivos: a *Eschericia coli* (a bactéria usada para a condução de todos esses experimentos), mas também a girafa, o elefante e o próprio homem.

Hoje, o dogma central que diz, em termos de aforismo, que "o que é verdadeiro para a *Eschericia coli* é verdadeiro para o elefante" continua sendo válido?

Grosso modo, sim, pelo menos no sentido de que esse dogma é o que continua servindo de hipótese de base para as operações da biologia. Mas sofreu pelo caminho algumas entorses de que falaremos ao descrever agora a continuação da aventura; após ter recordado alguns conhecimentos necessários à compreensão do caminho percorrido.

O CÓDIGO GENÉTICO

E, em primeiro lugar, o que é, pois, o código genético?

Na célula, somente o ADN possui a propriedade de se reproduzir por uma cópia conforme de si mesmo. Quando o ADN se reproduz, as duas cadeias da hélice do polímero (combinação do ADN) separam-se. Um gene preciso corresponde a um segmento preciso da cadeia dos núcleos, e é nesse segmento que se encontram contidas as instruções necessárias à edificação de uma dada proteína. Pois — isto é essencial — não são as proteínas que se reproduzem. Quando se forma um embrião, não é a justaposição dos tijolos dos pais, as "gêmulas", que ele herda das características hereditárias deles, mas são os próprios genes portadores da informação que se reproduzem e lhe dão suas ordens. É por intermédio dos genes que as proteínas vão ser produzidas.

É graças a esse retorno ao ADN genético, quando da reprodução, que o sistema de informação possui uma flexibilidade que lhe assegura vastíssimas possibilidades de renovação.

O código genético é hoje conhecido em sua totalidade. Sabe-se que cada proteína corresponde a uma combinação particular de três unidades nucléicas: a uma trinca. E, como existem 64 combinações possíveis dessas trincas entre si, a célula contém, portanto, na expressão de François Jacob, um "dicionário" de 64 termos genéticos. "Todos os organismos, desde o homem até a bactéria, parecem capazes de interpretar corretamente qualquer mensagem genética. O código genético parece universal e sua chave conhecida de todo o mundo vivo", escreve em 1970 o mesmo François Jacob.

E, no entanto, a expressão genética numa célula de um organismo unicelular, como a *Eschericia coli*, será a mesma que numa célula pertencente a um organismo pluricelular, como o de um mamífero e, por conseguinte, do homem? Uma célula bacteriana contém uma única molécula de ADN, sob a forma de uma longa fibra na qual se alinham 10 milhões de sinais; mas essa fibra só se reproduz uma única vez. Com o seu único cromossomo, que comporta 4 milhões de pares de base, o capital genético da bactéria pode "codificar" para cerca de 3.000 proteínas. Ora, a estrutura genética num organismo pluricelular funciona de modo diferente. Entre essas diferenças temos o fato de que nos encontramos agora diante, não de 4 milhões de pares de base, mas de 3 bilhões — o que deve permitir codificar para 3 milhões de proteínas. Ora, as diferentes proteínas num mamífero não excedem, de fato, o número de 150.000. Por que então esse excesso, esse desperdício de ADN? Perguntou-se, entre outras hipóteses, se isso não se deveria a uma outra diferença entre célula de bactéria (ainda chamada procariota) e célula de mamífero (eucariota): uma diferença no desenrolar das operações de codificação das proteínas.

Essas operações de fabricação das proteínas realizam-se em duas etapas: a transcrição e a tradução. Em primeiro lugar, o texto nucléico do gene é transcrito com seu alfabeto de quatro sinais, num outro ácido, igualmente nucléico, o ácido ribonucléico (ARN), o qual serve então de mensageiro ao associar-se ao citoplasma (toda a célula está cercada de uma membrana e contém no seu interior um núcleo que se banha num fluido coloidal menos denso, o citoplasma) e ao instruí-lo a fim de que reúna os componentes da futura proteína segundo as ordens da mensagem dada. Em seguida, opera-se a segunda etapa: a tradução do texto genético em proteína, graças a outras moléculas que adaptam a transcrição. Ora, na célula única de uma bactéria, essas duas operações processam-se ao mesmo tempo e no mesmo lugar, ao passo que nas células dos mamíferos a transcrição produz-se no núcleo celular e a tradução no citoplasma da célula.

A descoberta dessa diferença e de algumas outras, mas sobretudo a impossibilidade existente do início dos anos 60 de isolar — e, portanto, de estudar especificamente — a estrutura e o funcionamento deste ou daquele gene, provocam certo mal-estar entre os investigadores. Os biólogos albergam o sentimento de que se encontram num beco sem saída.

UM AVANÇO PRODIGIOSO: A ENGENHARIA GENÉTICA

E é nesse momento em que se pode crer que tudo fracassa, que se produz um prodigioso avanço tecnológico, o qual se operou em três tempos:

— Em primeiro lugar, consegue-se extrair o ADN, o qual contém o gene que se quer explorar e conhecer, que se quer eventualmente utilizar.

— Em seguida, as atenções voltaram-se para as enzimas (uma enzima é uma substância química que age como um solvente e é capaz de separar em duas partes um composto químico ou, pelo contrário, favorecer a reunião de duas substâncias, "colando" de algum modo uma à outra). Ora, foi apurado que certas enzimas mostravam-se aptas, graças ao seu poder específico de catalisação (fenômeno químico pelo qual se pode decompor um composto complicado em unidades mais simples), a recortar no ADN, uma vez extraído, o seu genomo. Quer dizer que essas enzimas são capazes de repartir o ADN em fragmentos, sendo cada um destes do tamanho de um gene. Assim procedendo, cada gene recortado codificando para uma proteína dada, a enzima isolava seu modo de ação particular. Por exemplo, tal enzima isolava o fragmento de ADN que codificava para tal proteína, que é o hormônio do crescimento. Em seguida, essas enzimas foram batizadas como "enzimas de restrição", pelo fato de que permitem isolar modos de ações genéticas.

— Enfim, a terceira etapa, e não a de menor importância, possibilitada pela operação precedente: ao voltar a colar os fragmentos de ADN assim recortados e escolhidos por sua atividade particular numa molécula de ADN que lhes serve de suporte, pode-se inserir essa nova organização, que é portadora de uma atividade genética precisa, numa bactéria. Na bactéria, essa organização multiplica-se como se ela fizesse então parte de seu próprio capital genético, como se fosse um de seus cromossomos, e ela fabrica aquilo para que foi feita, por exemplo, o hormônio do crescimento. Como não se procede a essa operação numa única célula, mas em toda uma população de bactérias, obtém-se por reprodução dessas bactérias uma grande quantidade de moléculas químicas todas semelhantes entre si. A essa produção dá-se o nome de "clone".

E foi assim que em alguns anos se tornou possível isolar todo e qualquer gene de todo e qualquer organismo, modificá-lo *in vitro* e depois reintroduzi-lo em seu genomo inicial — natal — ou num genomo aditivo... como um ovo de cuco.

O que significa que um gene vai poder ser totalmente identificado em sua determinação mais pura e ser multiplicado à vontade para todos os fins úteis. Os biólogos moleculares dispõem assim de materiais genéticos oriundos de organismos superiores — provenientes de homens — para estudá-los, mas também para intervir neles e, através deles, nos próprios organismos.

É possibilitada a fissão do átomo biológico. Esse desfecho estava inscrito no desenvolvimento dessas pesquisas desde o instante em que os biólogos tinham decidido concentrar-se no núcleo da célula, penetrar na fonte mais íntima da vida. É uma tal passagem que alguns, como Chargaff, não hesitam em denunciar como "a grande transgressão"; foi ela que, segundo eles, já levou os físicos, 30 anos antes, à fissão do átomo da natureza inanimada e provocou Hiroxima. A questão posta é muito clara: conheceremos agora uma bomba biológica? Para o melhor, ou seja, para intervir na programação dos animais superiores e do homem a fim de a corrigir se ela for ruim? Ou para o pior: para engendrar uma outra com uma finalidade econômica, social ou política?

OS JOGOS DO GENE E DA LIBERDADE

Ainda não se chegou a isso por três ordens de razões:

— Não se chegou lá em primeiro lugar porque, entre um gene e o caráter que dele emana num indivíduo, a distância é grande e as intervenções mediadoras são numerosas. O produto de um mesmo gene conduz a vários caracteres, e um só caráter pode depender da intervenção de vários genes. Essas variações devem-se ora a razões inatas ora a outras, adquiridas: pois o meio, ou pelo menos o que o organismo adquire através dele, entra em linha de conta. Assim é que certos caracteres, como os comportamentos, são o resultado de um jogo do inato e do adquirido.

— Não se chegou lá, em segundo lugar, porque, após o estabelecimento do dogma central e o desenvolvimento das técnicas da engenharia genética — e, com freqüência, graças a elas — desceu-se mais intimamente ainda ao âmago dos mecanismos que regem a transcrição e a tradução da informação: descobriu-se que eles eram menos unívocos, mais complexos, do que se acreditava no início. Foi assim, por exemplo, que um francês, Pierre Chambon, mostrou em 1977 que, num organismo superior, não é todo o gene que codifica para uma proteína, mas que, ao invés do que se passa numa bactéria, apenas uma parte do gene — uma seqüência — codifica para a proteína em questão. As seqüências genéticas estão, numa célula eucariota, divididas em fragmentos codificantes denominados "exons", e esses exons estão separados uns dos outros por frações não-codificantes, mudas, os "introns". Por que as coisas são assim no homem e não na *Eschericia coli?* Uma explicação, a de François Jacob, evoca a "bricolagem molecular" pela qual se faz a evolução biológica do ser vivo, do mais simples ao mais complexo. A natureza reutiliza a todo momento, para cada forma nova do vivente, o velho para fazer o novo. A existência no homem, no seio de um mesmo gene, de partes significativas de informação — os exons — e outras

— os introns — que não o são, não o parecem ser, ou ainda não o são, talvez não seja estranha ao extremo polimorfismo e, por via de conseqüência, à extrema plasticidade do genomo dos organismos superiores, como o do homem. Para dar uma imagem, tudo se passa como se o homem fosse constituído de um baralho de cartas genéticas extremamente numerosas e que, segundo o tipo de jogo que ele é convidado a jogar — sueca, bridge ou rami — avançasse todos os trunfos, como as trincas, as seqüências, etc.; o que se mostra aqui ganhador ali não tem valor nenhum.

— Ainda não se está lá, enfim, como indica toda uma série de observações esparsas que fazem pensar na existência de componentes genéticos móveis. Escreveu François Jacob: "O futuro mostrará, talvez, que a complexidade interna do aparelho genético é tal que ele se permite não só programar o ciclo de vida do organismo com fidelidade para as gerações passadas e vindouras, mas também reprogramar-se de novo quando está exposto a um estresse devido ao meio ambiente — realizando assim uma imagem de aprendizagem a partir da experiência do organismo." Portanto, o patrimônio genético não seria dado de uma vez por todas, mas seria suscetível, sob o efeito de forças exteriores, de modificações. Responderia assim a uma variação perigosa do meio ambiente por uma variação genética que lhe permitiria adaptar-se a essa mudança, por exemplo, de sobrevivência a novas condições a que suas disposições genéticas nativas não lhe teriam permitido fazer face. Encontrar-nos-íamos, pois, em certos casos, diante de variações genéticas que não seriam devidas nem ao acaso nem a uma intenção. Essa nova concepção da evolução não daria ganho de causa à de Darwin, que pensa que só os caracteres inatos são transmissíveis, nem à de Lamarck, que acredita na transmissibilidade dos caracteres adquiridos.

ENTRE O ENTUSIASMO E O MEDO

A complexidade aleatória da programação de um filho do homem deveria, à primeira vista, apaziguar os temores suscitados pelas possibilidades de intervenções no capital genético. Ainda estamos longe de dominar a programação e talvez permaneçamos para sempre distanciados disso. Entretanto, o medo subsiste porque, mesmo que o "dogma central" seja questionado, ele continua sendo a fonte e a referência das tecnologias que nascem e se aperfeiçoam a cada dia. Para serem operacionais, os biólogos resolvem ser reducionistas: formular hipóteses de trabalho na base das partes positivas, de resto as mais numerosas, da biologia molecular.

O medo é o do aprendiz de feiticeiro. "Nenhum de nós", declarou um membro do Congresso norte-americano, "quer despertar no 'oitavo dia da Criação', quando a tecnologia aplicada ao homem começará a penetrar os segredos da natureza biológica e a descobrir que demos de novo dentada na maçã errada e não estamos preparados para tratar dos nossos verdadeiros problemas porque vendemos a Árvore do Conhecimento a Wall Street." Aqui, são os potentados financeiros que são visados, mas isso é apenas uma das expressões do pavor que a idéia das manipulações genéticas inspira a todo o mundo e, em primeiro lugar, aos próprios cientistas. Em 1977, alguns dentre eles solicitaram até uma moratória nas manipulações: uma pausa que seria aproveitada para a reflexão. De fato, a reflexão seria de curta duração, pois, três meses mais tarde, as investigações eram reatadas: o temor de ser suplantado na competição em curso por alguns trapaceiros sufocara o medo.

No entanto, o medo, sempre latente, renasce periodicamente. É que falta uma chave ainda: a lógica interna segundo a qual se dá início à execução do programa genético da formação do embrião. Só a possuiremos se penetrarmos nos princípios que regerem o surgimento, através da evolução, dos organismos pluricelulares superiores e, enfim, do homem. Na ausência desses conhecimentos, os biólogos avançam hoje às apalpadelas, um pé na terapêutica e o outro correndo o risco de cair na velha rotina das mutações. Entre a esperança do benefício e o risco da monstruosidade: bruscos acessos de medo. O da criação de seres híbridos, de Frankensteins assustadores ou de super-homens robotizados. Mas, para além dessas imagens, trata-se de um retorno à interrogação primordial sobre o Um e o Múltiplo. Quem somos, indivíduos e coletividades? Somos distintos e vinculados uns aos outros? Somos uma vez por todas o que somos, imutáveis, ou seremos mutáveis? O que é que possuímos de próprio? Pode-se falar de "próprio" a respeito de nosso corpo, de nossos órgãos, de nossos fluidos? E onde se situa a nossa liberdade?

Mais perto de nós, em dezembro de 1986, o Comitê Nacional de Ética francês propunha que fosse feita uma pausa nos trabalhos sobre os embriões congelados e solicitava, entre outras coisas, que não fosse empreendido, sobre os embriões supranumerários obtidos quando da fecundação *in vitro,* nenhum estudo científico. Essa nova moratória não deveria ter força impositiva e, por não ter sido, talvez, o resultado de uma consulta internacional, não parece ter sido obedecida por muito pesquisadores. Tivesse-o sido pelo conjunto dos pesquisadores franceses, não teria feito mais do que provocar um atraso no conhecimento para o país, em face dos avanços dos pesquisadores estrangeiros nesse domínio. Tanto é verdade que os regulamentos e hábitos das técnicas científicas só podem depender de decisões internacionais e, mais precisamente, do acordo entre algumas grandes potências científicas que são os países da Europa Ocidental e Oriental, os Estados Unidos, o Japão e certos países do antigo Império Britânico.

A CRIANÇA PREVISÍVEL

A transmissão do capital genético dos pais ao filho não se faz sem um número elevado, incalculavelmente elevado, de erros. Estima-se, com efeito, que entre a metade e os dois terços das fecundações ocorrem erros de programação. A formação de um novo indivíduo supõe a contribuição de 23 cromossomos maternos e 23 cromossomos paternos. Ou é o número desses cromossomos — a mais ou a menos — ou é a própria estrutura dos genes que são inadequados. Felizmente, a imensa maioria desses erros conduz a um aborto silencioso nos primeiros dias da concepção — entre o 8º e o 15º dia. Um dos grandes mistérios atuais da medicina da reprodução é justamente o mecanismo pelo qual o organismo reconhece a anomalia para rejeitar o embrião. E é porque esse mecanismo sofre um defeito que certas anomalias, como o mongolismo, transpõem a barreira do aborto e chegam a termo. Mas também acontece que o erro — cromossômico ou genético — só mais tarde irá deter o desenvolvimento do embrião — e são esses os casos de aborto espontâneo antes do terceiro mês de gravidez. Enfim, alguns fetos chegam a seu termo portadores de anomalias. São essas anomalias que se aprendeu a conhecer há uma vintena de anos, graças sobretudo ao desenvolvimento da citogenética. Com efeito, a partir de 1956 já se é capaz de analisar todos os cromossomos — e são justamente as anomalias cromossômicas, como o mongolismo, que constituem atualmente o essencial dos diagnósticos pré-natais (90%). Mas sabe-se hoje discernir igualmente as anomalias de um gene a partir do ADN extraído de algumas células retiradas do embrião com dez semanas de gravidez, e descobrir *in utero* a mucoviscidose e a hemofilia.

Hoje, a única saída oferecida à mãe para essas anomalias genéticas, quando elas são detectadas em virtude de um diagnóstico pré-natal, é o aborto. É, por exemplo, o caso da talassemia, doença hereditária concentrada na bacia mediterrânea.

A história da talassemia é instrutiva do poder da genética e de suas sutilezas. No começo, há uns 3.000 anos provavelmente, a bacia do Mediterrâneo e, em especial, as costas da Sardenha estavam infectadas pelo paludismo, o que acarretava mortes muito numerosas de crianças recém-nascidas. Deve ter-se produzido numa dessas crianças uma mutação genética como se sabe que ocorrem de tempos em tempos sem que se compreenda por quê: o gene que codifica para a fabricação da hemoglobina — um pigmento que fixa o oxigênio nos eritrócitos (os glóbulos vermelhos do sangue) — foi modificado nessa criança. Ora, ocorre que nesses eritrócitos assim modificados, o parasita do paludismo desenvolveu-se muito menos facilmente e que a criança foi, portanto, poupada pela doença. Os filhos dessa criança herdaram em seguida essa mutação favorável e esta, passando de geração em geração, fez com que a população da Sardenha de hoje conte com 13% de homens e mulheres portadores desse gene alterado. Lamentavelmente, esse gene não apresenta só vantagens, tanto mais que o paludismo já não infesta a Sardenha. Quando nasce uma criança de um pai e de uma mãe igualmente portadores do gene, há uma probabilidade em quatro de que possua em seu patrimônio genético os dois genes do pai e da mãe; nesse caso, seus eritrócitos são defeituosos e provocam uma grave anemia hemolítica: é a talassemia.

Depois que se tornou possível saber *in utero* — ontem aos quatro meses de gravidez, hoje aos dois meses — se um embrião é portador de dois genes alterados, oferece-se às mulheres sardas, em tais casos, fazer-se-lhes o aborto. Em vez de diagnosticar a doença no embrião, pode-se — como a coisa é feita na Grécia — tentar descobrir nos adultos a presença do gene e, em seguida, através do aconselhamento genético, evitar os casamentos em que ambos os cônjuges seriam portadores... Entretanto, se se quisesse erradicar a talassemia, seria necessário ir muito mais longe: efetuar o rastreamento da população toda e decidir só deixar nascer os embriões que não são portadores de nenhum gene mudado.

Mas, a par desses diagnósticos de doenças hereditárias "simples", e que estão sob a dependência de apenas um cromossomo ou de um gene defeituoso, já se desenha a possibilidade de detectar doenças que só parcialmente são genéticas: doenças a que certos genes chamados "de suscetibilidade" tornam mais sensíveis os indivíduos que os portam quando se encontram num meio desfavorável ou são postos em contato com um fator deflagrador. Um número enorme de doenças humanas têm assim um componente genético ainda mal avaliado. Alguns desses genes de suscetibilidade são conhecidos; pertencem principalmente a um conjunto, o sistema sanguíneo HLA descoberto pelo francês Jean Dausset, aquinhoado com o prêmio Nobel. É, por exemplo, o caso do diabetes insulino-dependente ou da espondilartrite anquilosante, um reumatismo.

OS GENES DE SUSCETIBILIDADE

Não há a menor dúvida de que os métodos de detecção precoce vão multiplicar-se e de que o número de doenças suscetíveis de descoberta *in utero* vai aumentar, como aumentará a possibilidade de analisar melhor os mecanismos bioquímicos das mutações na origem dessas doenças, o que acaretará, por sua vez, diagnósticos mais precisos e, portanto, na etapa seguinte, os tratamentos.

Antes mesmo que esses tratamentos apareçam e se desenvolvam, pode-se pressentir o que já se encontra às nossas portas. A descoberta de um gene de suscetibilidade num embrião, gene que portanto, num dado meio ambiente, expõe a criança que vai nascer ao risco aumentado de uma doença, exige — se se quiser evitar que o mal sobrevenha — que esse indivíduo seja, em primeiro lugar, etiquetado como "portador" do gene. Essa etiquetagem é indispensável se se quiser protegê-lo subseqüentemente das características do meio ambiente temido, em sua vida familiar, profissional e social. Suponhamos que se seja amanhã capaz de detectar *in utero* a suscetibilidade à hipercolesterolemia. Trata-se daquela sobrecarga de colesterol no sangue que expõe aquele que for atingido por ela, salvo precauções alimentares, entre outras, a sofrer mais freqüentemente do que outros indivíduos um acidente vascular do coração ou do cérebro. Duas situações são possíveis: ou o gene de suscetibilidade lhe foi legado por um só de seus genitores ou pelos dois: neste último caso, o mais raro, chama-se-lhe "homozigoto" e ele tem dois genes; no primeiro caso, diz-se que ele é "heterozigoto" e possui apenas um. No caso dos dois genes, sua doença é imediatamente grave; no caso de um único gene, ela é mais controlável através de certas medidas preventivas, na ocorrência, de natureza alimentar. Vai-se submeter esse indivíduo, portanto, a um regime pobre em ácidos gordos saturados? Vai-se submeter esse indivíduo ainda criança a tal regime, porquanto se pensa que, para ser eficaz, essa prevenção deve ser precoce? Para além desse indivíduo, vai-se ser levado a propor a todos os que possuem esse gene de suscetibilidade, portanto, a populações inteiras, que se submetam a tais regimes? Essas medidas terão como conseqüência a necessidade de estabelecer um mapa genético — que o risco de transmissão à descendência torna obrigatório —, o qual conduzirá a uma medicalização ainda mais acentuada das nossas sociedades...

Tentaremos expor e discutir no final deste livro os roteiros possíveis que esses progressos da genética, em conjunto com os da reprodução humana, levam a traçar.

AS TENTATIVAS TERAPÊUTICAS

Amanhã, para além da solução pelo aborto, haverá, cada vez mais numerosas, correções terapêuticas de defeitos genéticos.

Sua história começa quando, em 1980, se consegue, com a ajuda da enzima de restrição, parcelar o ADN, situar dessa maneira, de uma forma precisa, seqüências e suas ações, localizar, portanto, os genes e até mesmo aqueles cuja função ainda se ignora. Depois, em 1982, Palmiter introduziu o gene do hormônio de crescimento de um rato numa fêmea de camundongo — que duplicou o seu volume normal. A partir dessa data, as técnicas mais diversas são utilizadas com vistas a permitir às células de mamíferos incorporar novos genes. Mas essa incorporação não se faz sem percalços: os genes inserem-se bem nas células cromossômicas e em certos locais celulares, mas não se conseguiu até agora prever exatamente onde.

Essa situação é perigosa, o órgão para o qual tal gene codifica poderia então desenvolver-se fora de seu local natural, faltar — caso se trate, por exemplo, de um hormônio — a certos encontros que se produzem num ponto determinado e não alhures, e provocar outros encontros inesperados, insólitos e de conseqüências incalculáveis.

No homem, no momento em que este livro está sendo escrito, foi feita uma única tentativa. Pelo menos, uma só tentativa é atualmente conhecida. Foi um fracasso e um escândalo. Em 1980, Martin Cline tentou integrar — sem informar a respeito às autoridades de sua universidade — no patrimônio genético de dois pacientes vitimados de talassemia, um gene corrigido por recombinação de ADN. Foi uma grita geral de indignação; Cline perdeu sua cátedra na Universidade da Califórnia e foi marginalizado pela comunidade científica.

Há poucas dúvidas, entretanto, de que tentativas de intervenção terapêutica prosseguirão no homem. Se os cientistas estão hoje divididos em suas apreciações das possibilidades de êxito dessas intervenções, a verdadeira questão consiste em saber não se elas serão tentadas, mas até onde serão conduzidas. Com efeito, não existe exemplo em que uma hipótese científica não tenha sido testada quando ela era o fruto de um desenvolvimento lógico tão poderoso e, até aqui, tão fecundo da biologia do ser vivo. As vacinações jennerianas e pasteurianas impuseram-se contra resistências extremamente fortes que viam nessa prática um risco mortal para o vacinado.

A EXTENSÃO DAS ALTERNATIVAS EM JOGO

O nosso corpo compõe-se de duas espécies de células: as células germinais que servem à nossa reprodução e as somáticas que formam o resto do nosso corpo. Em teoria, as intervenções podem ser praticadas em células germinais — esperma, óvulo, embrião — ou em células somáticas, ou seja, todas as outras células do organismo. Neste último caso, as intervenções só têm conseqüências para o indivíduo que se lhes submete. No primeiro caso, pelo contrário, a modificação introduzida é dada em herança às gerações seguintes, e caracteres genéticos adquiridos serão assim transmitidos à descendência. A maior parte das doenças genéticas que podem ser corrigidas pela terapêutica genética são defeitos que provocam ora uma produção insuficiente de enzimas (cf. p. 53) normais, ora uma produção de enzimas anormais. Tanto num caso quanto no outro, o tratamento corretivo tende a restaurar a função enzimática normal pela inserção de um ADN que "codifica" e produz uma proteína normal. O tratamento de uma linhagem germinal afeta todas as células do organismo, somáticas e germinais. É o caso, por exemplo, das deficiências enzimáticas relativamente freqüentes em Adenosina Deaminase (ADA) ou em Purina Nucleoside Fosforilase (PNP) no animal experimental. A terapêutica é produzida por inserção, durante a fertilização, de genes corretos no embrião atingido. Essa terapêutica germinal pode, portanto, ser dirigida ao esperma, ao óvulo e às células embrionárias que eles produzem, antes que as células germinais provoquem a criação de um embrião diferenciado. Essa inserção intervirá quando já existe vida? O debate sobre o início da vida individual está longe de solucionado: a partir da relação fecundante, para uns; quando se produziu a diferenciação das células embrionárias, para outros. Seja como for, a possibilidade hoje existente de conservar os embriões por congelação, em teoria durante períodos muito extensos de tempo, abre evidentemente possibilidades de intervenção muito ampliadas. Até o presente, o tratamento da linhagem germinal só foi tentado em células embrionárias de animais. O espermatozóide é um mau candidato ao tratamento: até o momento em que o caudal de espermatozóides atinge o óvulo, ignora-se, com efeito, qual deles é o que vai fecundar, o que equivale a dizer que seria necessário tratar algo como alguns milhões de espermatozóides para se ter a certeza de obter a ação corretiva desejada. Pode-se, em contrapartida, imaginar tratar não os espermatozóides, mas as espermatogônias, que os produzem e estão situadas no interior dos testículos. O oócito é um excelente "cliente" quando sai do ovário e até a sua fertilização.

GENÉTICA E EUGENISMO

Uma ideologia, o eugenismo, quer que, manipulando o estoque genético humano, se possam obter "melhores raças" ou "linhagens sangüíneas" que prevalecerão sobre as outras. Essa ideologia é, portanto, um pan-biologismo: os homens de uma população, de uma região, de uma nação, de uma raça, seriam melhores que os outros em função de seu capital genético. Para os eugenistas, tudo está na hereditariedade, nada no que pode ser adquirido. Como avesso dessa ideologia, existe uma outra, o skinnerismo, do nome de B. F. Skinner, seu fundador, e segundo a qual tudo está no adquirido. Para os seus partidários, a parte do biológico é maleável, podendo ser totalmente modificada pelo meio ambiente e pelas circunstâncias de que o indivíduo alimenta sua vida.

Para os eugenistas, que nos interessam aqui mais que os skinnerianos, trata-se menos de suprimir as doenças hereditárias prevenindo-as do que de selecionar os comportamentos individuais e sociais que, segundo eles, são induzidos de maneira maciça, se não exclusiva, por certa estrutura genética. Essa estrutura genética permite aos seus portadores prevalecerem sobre aqueles que não a possuem. Os movimentos eugênicos que não são exclusivamente compostos de cientistas, bem longe disso, tendem a promover os "programas" genéticos na intenção de exaltar os traços humanos desejados, com destaque para a inteligência e a força física, e, *a contrario,* de eliminar os traços indesejáveis: a debilidade intelectual, a criminalidade, a flacidez física. Já não se trata de patologia, mas de criar pela seleção a melhor espécie humana possível.

Na época moderna, os movimentos eugenistas surgiram primeiro na Inglaterra com o malthusianismo, sobre o qual se viu que estava dominado pelos imperativos econômicos. Mais perto de nós, sem falar do hitlerismo, da "solução final" do problema judeu e de suas tentativas de manipulações da fecundação e da gravidez com vistas à seleção ariana, a legislação dos Estados Unidos, com o objetivo de restringir a imigração após a Primeira e a Segunda Guerras Mundiais, está fundada, pelo menos em parte, em princípios de eugenismo. O mesmo ocorre com certas leis de esterilização ainda hoje vigentes em alguns estados norte-americanos.

Mas o mais belo exemplo recente de eugenismo é o de Cingapura. Nesse pequeno Estado atualmente povoado por 2 milhões e meio de habitantes, o primeiro-ministro quase inamovível, Lee Kwan Yew, acaba de decidir (em 1986) o lançamento de uma campanha seletiva da natalidade. Durante muito tempo, foi a hiperfecundidade que representou um perigo e, a partir de 1966, o mesmo Lee Kwan Yew pusera em prática uma política que, apoiando-se inicialmente na contracepção e depois, desde 1974, na liberação do aborto até o termo de 24 semanas, permitira fazer passar a taxa de fecundidade de 3,1 filhos por mulher em 1970 para 1,6 em 1985, ao mesmo tempo que as IVG* que representavam 4,1% dos nascimentos na primeira data representavam 55% na última!

Preocupado em renovar as gerações e em evitar o envelhecimento da população ao mesmo tempo que as conseqüências econômicas desfavoráveis deste último, Lee Kwan Yew implementou uma política demográfica muito astuciosa: cobre de vantagens as mulheres diplomadas que pertencem às camadas sócio-profissionais mais privilegiadas e que aceitam ter filhos; enquanto financia a compra de apartamento para as mulheres do povo que consentem em ser esterilizadas. As mulheres diplomadas vêem seus salários aumentar 5% no primeiro filho, 10% no segundo e 15% no terceiro, ao mesmo tempo que o Estado lhes fornece babás e auxiliares para o serviço doméstico. Às mulheres do povo é oferecida, em troca da esterilização, uma verba de 10.000 dólares para aquisição de um apartamento, na condição de terem menos de 30 anos de idade, não terem tido mais de dois filhos, disporem de apenas uma renda anual inferior a 1.500 dólares e, evidentemente, não possuírem diploma!

O eugenismo apresenta um problema sócio-político de primeira grandeza que discutiremos mais adiante.

* IVG (Interruption Volontaire de la Grossesse): Interrupção Voluntária da Gravidez. (N. do T.)

Capítulo 4

Do filho tolerado ao filho exigido

A POTÊNCIA DO NÚMERO

Nada é mais determinante para o nosso futuro do que o número que seremos. Mas sobre o que, em última instância, determina esse número, não sabemos grande coisa. O resultado depende, por um lado, dos mecanismos da reprodução humana — e também, portanto, dos artifícios que hoje permitem controlá-la; mas mergulha igualmente suas raízes num mar de fatores que a influenciam e a cujo respeito ignoramos quais sejam os mais importantes. Assim é que a "explosão demográfica" que se seguiu, na Europa e nos Estados Unidos, ao fim da última guerra mundial, foi freqüentemente atribuída às esperanças nascidas da paz restabelecida, mas expandiu-se sem se preocupar com fronteiras tanto aos países que não tinham feito a guerra quanto aos que dela haviam participado. A depressão demográfica que esses países conhecem há uma vintena de anos é atribuída, desta vez, à crise econômica, se bem que esta tenha notoriamente começado antes do primeiro choque do petróleo em 1973. Deve-se acreditar, portanto, que populações inteiras tiveram a premonição comum das dificuldades econômicas vindouras? Para estar certo de que a economia, esse motor que se tende hoje a considerar como preponderante na vida das sociedades, não é suficiente para explicar os movimentos demográficos, basta comparar as evoluções recentes da fecundidade na Alemanha Federal e na França: o mais duramente atingido pela crise desses dois países, a França, mantém uma taxa de fecundidade fraca, por certo, mas nitidamente superior (1,8 filho por mulher contra 1,3) à da Alemanha.

Tentar explicar as variações demográficas obriga, portanto, a recorrer a outras variáveis, distanciando-nos assim de toda equação simples. Entre esses outros fatores, nenhum se impõe de tal maneira que se possa considerar sua influência como preponderante. Mesmo noções tão amplas e vagas como a aspiração à felicidade, e a medida que se possa obter das probabilidades de a atingir num dado momento, não conseguem explicar as flutuações demográficas. No curso dos anos sem esperança do proletariado industrial no século XIX, as populações operárias não pararam de crescer e é entre elas que se encontram as famílias mais numerosas. Se a população francesa continua atualmente aumentando do modo que o faz, deve-o mais à diminuição sensível do número de mortes (550.000 por ano) que ao número sempre declinante de seus nascimentos (750.000). É porque morremos menos ou, pelo menos, mais tarde, que nascemos menos? Existiria um "equilíbrio malthusiano" interno, no inconsciente das sociedades? Quando, numa população, os homens e as mulheres atingem em conjunto uma média de idade de 75 anos, como acontece na França, torna-se necessário (e por que mecanismos, e para que fim?) que a taxa de fecundidade não exceda dois filhos por vida de mulher? Explicariam esses mecanismos que a diminuição da taxa de fecundidade não traduz, como parece ser o caso, uma diminuição igual do desejo de filhos? Com efeito, é sobretudo a diminuição do número de famílias numerosas que explica a diminuição global da taxa de fecundidade, muito mais do que o número de famílias que têm um ou dois filhos, um número que está antes aumentando. Na realidade, encontramo-nos hoje diante de uma homogeneização demográfica da composição das famílias: a família-tipo é formada, no presente, pelo pai, a mãe e dois filhos. Será que se trata de um aspecto dessa padronização que se estende a tantos outros domínios da nossa vida social, cada vez mais nitidamente dominada pelo mimetismo? Se for esse o caso, seria necessário considerar como uma conseqüência mecânica da existência de um maior número de famílias de dois filhos o fato de que metade das crianças francesas possuem apenas um irmão ou irmã. E não se trataria, de forma nenhuma, do reflexo de uma certa necessidade afetiva dos pais... Mas seja qual for a razão dessa banalização das famílias a quatro, é lícito indagar quais podem ser os efeitos sobre as crianças — e, portanto, sobre as gerações futuras — desse *tête-à-tête* restrito cujos parceiros, paradoxalmente, são intercambiáveis com uma freqüência cada vez maior: filho de um casal separado vivendo com a mãe no seio de um novo casal formado por esta última com o pai de um outro filho, cuja mãe por outro lado... etc.

Pois que os "mistérios" da demografia desempenham um importante papel nas configurações da célula familiar, a de hoje tende a reproduzir o mesmo esquema constitutivo de quatro, mas fazendo variar com uma freqüência cada vez maior sua composição em indivíduos diversos. As aparências da conformidade, até mesmo do conformismo social, estão salvas; se a família se desintegra, ela sobrevive — mas os seus filhos de hoje respeitarão amanhã as aparências? Embora haja muito poucas probabilidades de poder responder com certeza absoluta a essa interrogação, vamos tentar, porém, acompanhar neste capítulo a cadeia de conseqüências da evolução demográfica.

O PLANEJAMENTO DOS NASCIMENTOS

É para um controle dessas forças demográficas obscuras que tendia ontem o malthusianismo e hoje tende o neomalthusianismo quando propõem, como freio à procriação, a continência e, como freio à reprodução, a contracepção e, depois, o planejamento dos nascimentos. Cumpre entender hoje este último em toda a sua extensão: controle da reprodução, mas também combates científicos contra a esterilidade.

O neomalthusianismo, tal como o malthusianismo, formula o mesmo julgamento justificativo de sua ação: deve existir, para a felicidade da humanidade e seu harmonioso futuro, uma relação favorável entre o número que somos, as subsistências materiais de que dispomos e, doravante, as possibilidades de expansão oferecidas às crianças. Em relação à situação tal como os partidários a pintam, eles pensam que o nosso número não deve aumentar e são adeptos de um crescimento zero — sem o que se acumulariam as misérias e as tensões sociais. A humanidade, longe de "se elevar", correria perigo. Mesmo que a maior parte dos malthusianos "de campo", de ontem e de hoje, se preocupe mais com os indivíduos e as famílias do que com a sociedade e o mundo, é esse, na verdade, o horizonte de seus atos.

Mas em que consiste essa "relação favorável"? Sabemos acaso o que ela deve ser? Atualmente, só os economistas se arriscam a dar uma resposta. A maioria deles, como Alfred Sauvy na França, pensa que o desenvolvimento econômico está ligado ao da população e se beneficia de perspectivas mais favoráveis se a demografia for forte do que se for fraca. Eles acreditam nisso apesar do desemprego e da crescente automação que suprime sempre mais postos de trabalho. Esposam assim o movimento geral que leva os países industrializados de civilização européia a procurar — e até agora a encontrar — a solução dos problemas que o desenvolvimento gera na criação permanente de novas respostas adaptadas. Se acontece que os progressos, entre outros cientistas, fazem surgir, em relação ao estado de coisas anterior, contradições que, de início, parecem insolúveis e nos impelem para um beco sem saída, os "europeus" pretendem resolver esses conflitos que as novidades engendram mediante uma perpétua fuga para diante. Tudo se passa como se o espírito europeu fosse obcecado por um futuro, sempre — no fim de contas — melhor, a conquistar, ou mesmo a reconquistar; se, com as religiões fundadoras desse estado de espírito, se continuasse acreditando numa queda inicial de um paraíso perdido que é preciso reencontrar.

Esses economistas nem por isso são natalistas inflexíveis. Entre eles encontra-se também quem peça a aplicação de um certo malthusianismo... pelo menos nos países do Terceiro Mundo cujas populações não adotaram — até agora — o nosso voluntarismo conquistador e que não conseguem produzir tudo o que o seu número exigiria. Mas, no tocante aos Estados Unidos e à Europa, são e continuam sendo partidários declarados, e freqüentemente aguerridos, de uma expansão demográfica que venha corrigir a fraqueza atual de nossa reprodução.

Enquanto, em outros domínios da vida econômica e social, surgem oposições claras contra o expansionismo científico e industrial — oposição essa de que são testemunho os movimentos ecológicos por vezes muito poderosos, como os Verdes na Alemanha — nenhum combate de idéias opõe hoje os defensores da expansão demográfica aos neomalthusianos. Somente se produzem, de longe em longe, reações espasmódicas e conjunturais dos poderes públicos. A debilidade dessas reações deve-se, sem dúvida, ao fato de que, se excetuarmos o feminismo de alguns dentre eles, os neomalthusianos atuais já não estão arregimentados, como na época de Malthus, sob os estandartes desfraldados de uma ideologia. Eles atuam no âmbito das atividades práticas, entre as quais a contracepção continua desempenhando um papel destacado, sem que uma visão de sociedade já pareça inspirá-los.

É talvez essa ação pouco ruidosa, a qual evitaria controvérsias, a que confere à situação atual uma tonalidade de neutralidade cinzenta. A menos que as verdadeiras oposições não comecem a manifestar-se cedo em outro lugar: lá onde se situa a essência do debate; no lugar até agora fechado onde se desenvolvem os progressos científicos e técnicos e, mais precisamente, os da biologia da reprodução.

NO OUTRO PÓLO: O FILHO EXIGIDO

Somente depois que se tornou rara é que a criança passou a ser um objeto de reivindicação por parte daqueles que não podem obtê-la. Durante os três últimos séculos, num mundo "demasiado cheio" em que a falta de subsistência não pára de ameaçar os vivos, os casais estéreis existiam em silêncio: pouco falavam de seus sofrimentos. Uma mulher era repudiada por ser estéril, um homem ficava impotente em conseqüência das artes mágicas de um bruxo; com o correr dos anos, um rapaz ou uma moça virava celibatário ou solteirona; e tudo isso permanecia num plano anedótico. Quantos casais eram permanentemente estéreis? Nenhuma cifra, nenhuma indicação permite sabê-lo. Nos velhos livros de medicina, poucas referências à esterilidade e pouquíssimos remédios contra ela. Se bem que certas descobertas sobre a reprodução humana datem desses três séculos, as pesquisas em busca de terapêutica contra a esterilidade datam de pouco mais de uma centena de anos.

No final do século passado, começam-se a investigar os espermatozóides nas secreções do colo do útero da mulher e a praticar as primeiras inseminações artificiais. No início do século atual, fazem-se as primeiras radiografias do útero e das trompas — e constata-se que elas podem ser obstruídas. Os pesquisadores interessam-se também pelo endométrio, essa pequena mucosa que reveste o interior do útero e na qual se enxerta o embrião para desenvolver-se: descobre-se que o aspecto do endométrio ao microscópio é diferente antes e depois da ovulação e que são os hormônios — estrógenos e progesterona, que foram descobertos na mesma época — os responsáveis pela modificação do seu aspecto. É assim que se começam a identificar as grandes causas da esterilidade dos casais, por obstáculo mecânico à passagem dos espermatozóides e do oócito por mau funcionamento dos hormônios. É ainda nesse momento que Ogino e Knaus descrevem os "períodos férteis" e os "períodos estéreis" do ciclo da mulher.

Mas, em 1930, tudo isso permanece ainda largamente ignorado do corpo médico; nenhum médico se intitula especialista em esterilidade. Só pouco tempo antes da Segunda Guerra Mundial é que a descoberta dos hormônios naturais e a fabricação dos hormônios sintéticos permitem a alguns ginecologistas orientarem-se para a função da reprodução. São, por essa altura, uma dezena no mundo e durante muito tempo ainda vão ser pouco numerosos. Na França, Raoul Palmer está na origem do primeiro consultório especializado na luta contra a esterilidade que se inaugura em Paris no âmbito do hospital Broca; mas, em 1950, ainda não existem na capital mais de dois centros de tratamento da esterilidade.

E de súbito, na meia dúzia de anos seguintes, produz-se uma explosão que vai durar 25 anos e ainda prossegue. É a oferta ou a demanda que está na sua origem? É a oferta ou a demanda que constitui o seu principal motor? Esse tipo de perguntas nunca recebe resposta. Observa-se que, ao mesmo tempo, desenvolvem-se a oferta de remédios por parte dos pesquisadores e o sentimento de uma necessidade de ser fértil em casais que até então silenciavam a tal respeito. Essas mulheres e esses homens escondiam-se atrás de uma vontade afirmada de não ter filhos? Evitavam falar sobre isso aos médicos, que eles sabiam impotentes para lhes prestar ajuda? A criança, porque rara, tornava-se lentamente o que hoje se afirma ser com veemência: o objeto de uma reivindicação tão viva quanto era outrora a das mulheres que recusavam o filho que não desejavam? São permitidas estas e muitas outras suposições; nada de seguro pode ser afirmado.

Seja como for, o certo é que, em poucos anos, o número de centros e de especialistas multiplica-se por milhares — e isso ocorre no mundo inteiro. Na França, a Previdência Social decide responsabilizar-se por todos esses tratamentos, o que indica, pelo menos, que aos olhos dos poderes públicos trata-se de um problema coletivo e que se saiu do campo da anedota. No prefácio para o primeiro livro dedicado a *La stérilité involontaire*, escrito por Raoul e Elisabeth Palmer em 1950, o professor Mocquot menciona que "a luta conduzida para se triunfar [da esterilidade] reveste-se de interesse social, porquanto atinge cerca de 15% dos casais...". E segundo R. Vincent, num artigo de *Population*,[1] "13% das mulheres nascidas em 1881, vivas e casadas em 1931, não tinham tido filhos. Portanto, havia sem dúvida na época uma proporção de casais involuntariamente estéreis". Sim, mas quantos, exatamente?

FECUNDIDADE E ESTERILIDADE

Se está fora de questão confundir aumento do número de casais estéreis e declínio geral da fecundidade — e isso tanto mais que, no referente aos primeiros, só se pode tomar por base um aumento das "queixas" — deve-se constatar que essas duas manifestações agravam-se simultaneamente.

Necessita-se em média de 210 filhos para 100 mulheres para que as gerações assegurem sua substituição. Na França, a fecundidade evolui há dez anos entre 179 e 195 filhos para 100 mulheres. Esse número é ainda mais baixo para o resto da Europa: na Alemanha Federal, estabelece-se em 127. Ora, para tomar exemplos em países do Terceiro Mundo, os números situam-se entre 200 e 300 crianças para 100 mulheres na África do Norte: em 35 anos, as populações da Argélia e do Marrocos terão, uma e outra, ultrapassado largamente a da França.

Ora, é nos países europeus, onde se produz essa baixa de fecundidade, que também se produz uma notável inflação das "queixas" de esterilidade. De fato, não existe nisso nenhum paradoxo: o filho tornou-se o objeto de uma escolha. Quer-se obtê-lo num momento dado e não em outro: "um filho como quero, quando quero". Quando essa vontade se exprime, ela exige ser rapidamente satisfeita: as mulheres interrompem sua contracepção quando para elas chegou esse momento. Mas aquelas que são estéreis ou hipofecundas não podem, infelizmente — ainda não hoje — obtê-lo com facilidade quando o desejo de um filho lhes aparece.

E é esse o "drama". Como se chegou a isso?

---

1 1946, n.° 1. pp. 149–154.

CONTRACEPÇÃO, GRAVIDEZ E FECUNDIDADE

A dissociação entre a sexualidade e a reprodução, permitida pela contracepção moderna, teve por primeiro resultado social a diminuição muito nítida dos casos de gravidez não desejada: numerosos estudos e pesquisas de opinião o comprovam. De fato, a diminuição da miséria e da ignorância, e o declínio do fervor religioso e das virtudes tradicionais, preparavam o caminho para a ocorrência desse fenômeno, que não poderia ter se produzido sem eles. Desde que a contracepção eficaz lhes foi oferecida, as famílias outrora pobres, ignorantes ou religiosas que tinham muitos filhos passaram a ter menos. As mulheres e as moças de hoje têm à disposição, desde muito cedo em suas vidas, uma grande quantidade de modernos métodos anticoncepcionais que lhes permitem obter o número de gestações que desejarem — pelo menos quando a conduta delas permanece racional. Quando por ignorância, esquecimento ou provocação inconsciente, sobrevém contudo uma gravidez, o aborto livre e facilitado por sua quase gratuidade apaga um filho concebido num instante deixado ao acaso.

As usuárias da pílula passaram de 10% das mulheres de menos de 45 anos em 1971 a mais de 30% em nossos dias; as que preferem os dispositivos intra-uterinos de 1,2% para 15%.

Mesmo quando, ontem, eram tomadas precauções, um casal sabia não estar a salvo de, um dia ou outro, sobrevir uma gravidez. Ele aceitava tacitamente o risco de um controle incompleto. E assim é que, ontem, a primeira e, com freqüência, a segunda gravidez, mesmo que não tivessem sido desejadas, eram, no entanto, levadas a seu termo: toleradas e aceitas com um misto de resignação infeliz e de satisfação altiva que era a marca daqueles que punham um novo ser no mundo. Na maioria das vezes, somente para além da segunda gravidez, quando um novo acidente se produzia, é que o aborto era o recurso — intervenção detestada, temida e secreta a que, por vezes, ainda se renunciava... e era um terceiro filho. Sem dúvida, eram numerosas as famílias assim formadas. Que contraste com os dias de hoje! Quando uma mulher toma um esposo ou um companheiro, ela já possui seu método anticoncepcional; não é a constituição do casal que a faz abandoná-lo; só o interromperá quando, e se, os dois parceiros decidirem a vinda de um filho... Mas as razões que retardam esse momento são inúmeras: em primeiro lugar, o dinheiro, mas também a promoção profissional, um problema de saúde, uma viagem, um apartamento demasiado apertado e, por trás de todas essas razões, freqüentemente irrisórias, o medo do passo a dar que, com a chegada da criança, hipotecará o modo de vida egoistamente feliz dos dois membros do casal. As forças tenebrosas da procriação a serviço da espécie são contidas por essa predominância hoje consumada do ego europeu. Com a contracepção, obtemos uma das razões, pelo menos, do declínio da fecundidade atual: um interessante estudo de Léridon, na França, mostra a coincidência do aumento da contracepção e da queda da fecundidade. E essa queda incide essencialmente sobre as gestações não desejadas.

De 1965 a 1976, a fecundidade diminuiu em 29% e o número médio de filhos caiu para 0,81, ao passo que, durante o mesmo período de tempo, o número de gestações não desejadas baixou 54%, o que explica os 40% de queda total da fecundidade.

As gestações precoces diminuíram igualmente durante esse período.

Se a ação da contracepção sobre a queda da fecundidade se exerce reduzindo o número de gestações não desejadas, não é a contracepção, entretanto, que diminui o desejo de ter um filho, se é que esse desejo registrou realmente uma diminuição. Seria provavelmente mais correto dizer que esse desejo não é o primordial, o mais forte, e que ele cede a preponderância a outras tentações. O que diminuiu foi, antes, o número de circunstâncias que favorecem a concretização do desejo de um filho e, sobretudo, a existência de um lar estável. Os casais não casados multiplicam-se; reunidos para viver juntos uma vida afetiva e sexual comum, não têm em seus planos a vinda de um filho. O caráter provisório, aleatório, dessas vidas em comum explica a demora na procriação do primeiro filho: a média da mulher, quando de sua primeira gravidez, é atualmente, na França, de 25 anos! E o fato de ter um primeiro filho algo tardiamente não encoraja, de um modo geral, a vinda do segundo, ainda menos de um terceiro. Ora, as legislações social e fiscal francesas favorecem o concubinato prolongado. E é assim que continua diminuindo a fecundidade de certos estratos sociais e, portanto, a fecundidade geral.

Essas mudanças dos hábitos sociais também se traduzem por um outro fenômeno: se de ano para ano os franceses se casam menos, eles divorciam-se, em contrapartida, cada vez mais. Em 1985, foi atingido o número mais baixo do século: 273.000 casamentos, ao passo que o número de casais não-casados de menos de 35 anos atingia 580.000: eram apenas 67.000 em 1968! A união livre já deixou de ser um fenômeno somente urbano; ele se propaga também no interior. Segundo Pierre-Alain Audirac, um milhão de casais vivem hoje em regime de concubinato em toda a França. São verdadeiros casamentos de ensaio entre jovens que não vêem nenhuma necessidade de casar antes de ter filhos. Trata-se de experiências que freqüentemente não acabam bem: muitos desses casais separam-se. De fato, a crise do casamento é reforçada por uma crise do casal; o número dessas uniões livres está longe de compensar o declínio do número de casamentos: 45% dos homens de 24 anos viviam em casais em 1975; não passavam de 41% em 1982, e esse fenômeno parece independente do desemprego.

ECONOMIA E FECUNDIDADE

Uma das mais antigas reivindicações do feminismo é o direito ao trabalho. Beneficiou-se nos Estados Unidos e na Inglaterra (dois dos principais países do feminismo) da ausência dos militares durante a Segunda Guerra Mundial. No transcurso dos três últimos decênios, as mulheres entraram em massa nas fábricas, nos escritórios, nos serviços: em todas as profissões e em todos os escalões do mundo do trabalho. Por outro lado, as mulheres obtiveram, pelo menos oficialmente, a igualdade de direitos e de salário. Na França, contam-se assim 10.340.000 mulheres assalariadas. Como faz parte do orçamento familiar, o salário feminino assegura à mulher sua independência material e, portanto, uma certa segurança na autonomia, mas também o temor de que a perda desse emprego remunerado acarrete para ela o fim de sua independência, assim como, para a família, uma diminuição considerável de seus recursos. Quando da chegada do primeiro filho, se este dispõe de uma creche, a mulher pode conservar seu emprego: sua ausência de alguns meses graças à licença de maternidade não lhe é verdadeiramente prejudicial... pelo menos, se ela não ocupa funções superiores, onde corre então o risco de ser substituída. Mas com a vinda de um segundo filho tudo muda, pois o trabalho profissional fora do domicílio converte-se numa carga excessivamente pesada, no mesmo momento em que o apartamento fica apertado demais e o orçamento encolhe, pois existem duas bocas a mais para alimentar. Essas situações traduzem-se por uma diminuição da duração do aleitamento — 14% apenas das mulheres amamentam hoje além de um mês — e uma queda brutal da atividade profissional: 75% das mulheres estão ativas antes do primeiro filho; 40% após o nascimento do segundo. Do primeiro ao terceiro filho, assiste-se entre as mulheres ativas a uma diminuição de sua atividade em 27%, depois 30%, depois 35%. Trata-se, evidentemente, com esses números, de médias que mascaram desvios consideráveis, os quais se explicam pelo maior ou menor grau de interesse que a mulher dedica à sua profissão: montante de salário, facilidades de transporte que lhe são proporcionadas, possibilidades de guarda das crianças, etc.

Essa generalização do trabalho feminino é, sem contestação, um obstáculo ao terceiro filho, sem o qual, no entanto, não existe "futuro" demográfico: sem o qual as gerações não podem ser substituídas.

Mas não se trata apenas do trabalho! No período de individualização absoluta que atingimos, ao mesmo tempo que é o período onde o mimetismo social se mostra o mais poderoso: enquanto obedecemos, cada um por si, às leis mais abstratas promulgadas pelo progresso e pelas modas, o custo social e financeiro do filho apresenta-se freqüentemente como um obstáculo para se prosseguir no caminho preservado em que um casal se embrenha. Uma ameaça de anulação do essencial! Essa influência mede-se quando os casais são interrogados acerca de suas intenções após um primeiro filho: querem ter mais? Três em cada quatro afirmam desejar um segundo; mas somente um em cada quatro um terceiro e menos de um em dez um quarto filho.

Confirmação dessa tendência nas mulheres interrogadas sobre a satisfação que sentem por estar grávidas: pela primeira vez, três mulheres em quatro sentem-se felizes; mas, em seguida, apenas 59% o são, depois 37%, depois 17%, para os filhos subseqüentes.

A NOVA CRIANÇA

O filho já não é hoje o fruto de um generoso acaso. Tampouco é uma bênção do céu. Nem uma carga imposta e assumida com resignação. É programado, calculado, escolhido; está integrado desde antes do nascimento num mundo onde seu lugar foi preparado; é uma etapa que se apresenta num determinado ponto da vida do pai e da mãe, da carreira de ambos, da progressão social do casal. Desde que se forma no espírito dos futuros pais, a imagem dessa nova criança já não possui quase nenhum dos traços em comum com os daquela criança que descrevemos nos primeiros capítulos deste livro, fruto do acaso e freqüentemente da miséria, sacrificada na indiferença quando é uma boca excedente e que, uma vez em cada duas ou três, lograva através de um verdadeiro percurso de combatente atingir a idade adulta.

Hoje, a criança projetada, obtida ou recusada, é um objeto de primeira grandeza antes mesmo de ser concebida: objeto da vontade de reprodução e já projeção encarnada até de um rosto melhorado do humano. Os médicos sabem muito bem disso, eles, que se defrontam com os pedidos de interrupção da gravidez, com os fracassos da contracepção, mas também, no outro pólo do desejo, com as infecundidades rebeldes a tratamentos.

Se há ainda uns poucos decênios as mulheres viviam sua recusa de gravidez na angústia e como um sacrilégio, hoje essa vontade é destituída de qualquer valor moral e não envolve nenhum compromisso: nem com o porvir de um outro filho futuro, nem com o porvir da própria mulher. O fato aí está: a mulher deixou de ser uma mãe obrigada, ela é mãe se quiser, quando quiser... salvo se fracassa em ter o filho subitamente desejado! Nesse caso, sobrevém o azedume. O ardor da reivindicação de um filho pelos casais não-férteis relaciona-se com essa banalização do controle da reprodução: um filho que se quer é um filho devido!

A RESISTÊNCIA DO ALEATÓRIO

Isso é óbvio: nem todos os casais, nem todas as mulheres, têm a atitude que acabamos de descrever esquematicamente. Na atomização generalizada das nossas sociedades, parece, pelo contrário, estar em curso uma diferenciação de categorias de mulheres com diversos comportamentos, segundo o sentimento que têm de sua identidade: mulheres maternais que desejam sempre filhos; mulheres mães por escolha, que querem um ou dois quando o desejarem e o decidirem; mulheres que se recusam enfaticamente a tê-los... A nova criança apresenta-se assim sob uma nova luz: o objeto, o brinquedo, o personagem de um papel num teatro em que sua presença é considerada mais ou menos indispensável, útil, perigosa, nefasta... Em todos os casos, é significativa de algo distinto dela: é programável e está no programa. Ora, a concepção continua sendo um fenômeno aleatório cuja existência não responde submissamente às regras da biologia e, menos ainda, aos desejos dos casais: na melhor das hipóteses, somente uma vez em cada quatro ela se produz ao término de um ciclo transcorrido desde o momento da expressão do desejo! Julguem a decepção possível! E para que essas proporções sejam conservadas, ainda é preciso que os procriadores sejam jovens, saudáveis e ardentes. Quanto mais o tempo passa, mais a probabilidade de concepção diminui com a idade: porque o ardor sexual — em geral — enfraquece e deixam de ser aproveitadas todas as ovulações que se apresentam; também porque com o passar do tempo aumenta a probabilidade de uma alteração — por doença ou envelhecimento — do aparelho genital.

A tradição encerrou num mesmo vocábulo, "esterilidade", situações muito diversas: a esterilidade propriamente dita, a qual, para merecer plenamente seu nome, deve ser absoluta, e as hipofecundidades, que indicam apenas que este ou aquele casal é menos apto a procriar num determinado período de tempo do que a média dos casais contemporâneos. O filho programado tarda, a diminuição da fecundidade e a exigência imperiosa de obter o filho que se quer conjugam-se para explicar o maior número, pelo menos aparente, das "esterilidades" atuais. Na França, segundo Léridon, apenas 3 a 4% dos casais se conservam voluntariamente sem filhos; mas, na mesma pesquisa, 18,4% dos casais declaram ter encontrado dificuldades para conceber. Essas dificuldades são, na maioria dos casos, superadas: traduzem-se por uma demora que separa a decisão do sucesso da concepção superior a dois anos. É essa demora que explica o fato de que hoje 400.000 casais franceses, ou seja, 11% dos casais, consultem os médicos por problemas de esterilidade.

Capítulo 5

A criança das novas procriações

Essa impaciência traduz a ignorância e denuncia o caráter febril de uma sociedade que quer governar tudo a seu jeito, inclusive a natureza humana, e isso nos melhores prazos possíveis, visto que, decididamente, já não dispomos da eternidade. É essa impaciência que faz aceitar, quando a natureza resiste por tempo demais, a oferta de uma reprodução artificial. É ela que já a solicita e que amanhã irá exigi-la. Pois é bom tudo o que faz ganhar um tempo precioso. O que conta é o filho objeto desse desejo, e o caminho que ele toma pouco importa, na maioria dos casos.

O investimento ansioso dos casais estéreis "no filho a obter" fez certamente muito para acelerar e desenvolver, depois banalizar muito depressa, as técnicas de reprodução. A impaciência e a ansiedade fustigam uma imagem simbólica do filho que, distanciando-o da expectativa de um ser real, concreto, fruto de uma conjuntura amorosa de dois corpos identificados, acomoda-se a todos os meios e não se preocupa com os caminhos adotados. Para se fazer uma idéia da rápida banalização dos métodos em curso, são demonstrativos os exemplos da inseminação artificial e da fecundação *in vitro*. As primeiras inseminações com doador datam do final do século XIX, mas foram nessa época raríssimas, clandestinas e não-controladas. Essa situação manteve-se até por volta de 1960. Praticadas ilegalmente, eram condenadas pela maioria do corpo médico. No fim da Segunda Guerra Mundial, os veterinários conseguem congelar o esperma do touro, o que permite, a preço reduzido, a inseminação artificial a distância: nada de deslocamento do genitor e procriações múltiplas. Foi essa técnica veterinária que permitiu a criação de bancos de esperma humano. O sucesso, hoje incontestável, dos bancos depende sobretudo, ao que parece, pelo menos na França, do anonimato do doador do esperma. O que prova, se isso fosse necessário, até que ponto está hoje consumada nos espíritos a dissociação entre a filiação biológica e a filiação social, e até que ponto esta predomina sobre aquela. Seria admissível imaginar que a freqüentação dos bancos se mantivesse limitada, repugnando à maior parte dos casais uma solução tão anônima e administrativa de sua infecundidade; ora, o número dos postulantes não pára de aumentar. E mais: enquanto no começo a inseminação artificial por doador só atraía como clientes casais em que o homem não tinha nenhum espermatozóide e cuja esterilidade era, portanto, absoluta e definitiva, os bancos fornecem hoje majoritariamente palhetas de espermas a casais em que o homem é muito pouco fértil, mas cuja esterilidade não é total. Hoje em dia, existem casais cuja impaciência levou a um primeiro filho obtido por doador, mas que, depois, e sem ajuda exterior, tiveram outros filhos, estes "naturais"! Pôde-se falar, nesses casos, a título explicativo, de filho "disparador". Na França, atualmente, estima-se em 2.000 crianças o número daquelas que nascem por ano através da inseminação artificial. Isso corresponde apenas a uma criança em cada 300, dizem alguns, que já não acham mais o fenômeno impressionante em si, um sinal suplementar da banalização do artifício.

A fecundação *in vitro* é mais recente. A primeira criança resultante dessa técnica, Louise Brown, nasceu em 1978. Existem hoje mais de 6.000 "bebês de proveta" no mundo, e tudo indica que esse número vai crescer muito rapidamente. Com efeito, se nascem 2.000 crianças por ano por inseminação artificial, a demanda de inseminação é, por sua parte, de 6.000 a 7.000 por ano: bastaria querer ou poder satisfazê-la para aumentar de maneira considerável o número de filhos da inseminação. No começo da técnica da fecundação *in vitro*, ela era apenas uma resposta às esterilidades tubárias, ou seja, aquelas em que as trompas se encontram totalmente obstruídas e, por conseguinte, não permitem o encontro dos espermatozóides e do oócito. Mas logo se produziu uma derivação: numa primeira transposição, a técnica foi proposta a mulheres cujas trompas eram pouco permeáveis e logo passou a ser solicitada por elas nessa indicação. Em seguida, foi dirigida aos homens, que logo a exigiram. Depois, também aos casais cuja esterilidade era de origem desconhecida... Sem dúvida, o campo não vai deixar de expandir-se. E assim é que a impaciência dos casais, conjugando-se com a comodidade da técnica, faz com que se propague a fecundação *in vitro*.

NEM TEMOR, NEM RECUSA

O acolhimento fácil e freqüentemente entusiástico que seus beneficiários — os casais estéreis — dão aos técnicos da reprodução artificial relaciona-se, sobretudo, com o jogo que todos os casais, fecundos e menos fecundos, entabularam doravante com o tempo, na vontade de dominação de sua própria natureza a fim de obter, no momento desejado, um filho. Com freqüência, esse momento é protelado até uma idade avançada da vida. Ora, essa é a idade em que a fertilidade diminui e em que o aparelho reprodutor corre o risco de sofrer alterações. É também a idade em que a impaciência se precipita, pois o tempo encurta e ameaça faltar: está fora de questão aguardar agora uma procriação natural, é preciso forçar a natureza. Pede-se, exige-se, e essa vontade encontra médicos que têm fé em suas técnicas e consideram um ponto de honra fornecer a boa resposta — a mais cômoda, a mais rápida, a mais segura possível — a uma solicitação tão fervorosa e obstinada. Mas o mais extraordinário talvez seja a rapidez com que as procriações artificiais se propagam sem suscitar no público nenhum movimento de temor nem de rejeição. Os únicos a formular algumas indagações e a manifestar certa apreensão, por vezes, a respeito de alguns desenvolvimentos possíveis dos métodos correntemente empregados são os biólogos e os médicos que se recusam a assumir toda a responsabilidade das gestações assistidas. Consideram que elas podem desenvolver-se sem acarretar conseqüências pouco previsíveis no corpo social.

A SUBSTITUIÇÃO E O DESLOCAMENTO

A inseminação artificial e a fecundação *in vitro* estão longe de representar todas as possibilidades novas da procriação assistida. A primeira representa a técnica hoje mais corrente de substituição de um dos gametas; a segunda, a de deslocamento de um deles.

A substituição consiste em trocar um elemento genético ausente, ou que se descobre ser anormal num casal, por um elemento estranho. Nesse caso, o filho obtido é criado pelo casal, é legalmente e será, social e culturalmente, em virtude da educação recebida, um filho do casal; mas parte de seu capital genético vem de outra parte; que ele o saiba ou que o ignore subseqüentemente é uma outra história.

Quanto ao deslocamento, trata-se de um artifício técnico que permite ao filho do casal — e que é biologicamente filho desse casal — ser concebido em outro lugar que não o aparelho genital da mulher. Esse "outro lugar" pode ser um outro espaço, como é o caso da fecundação *in vitro* para os bebês de proveta; esse "outro lugar" também pode ser um outro tempo, por exemplo, quando — graças à congelação dos gametas ou do embrião — uma fecundação é retardada. Em teoria, ela pode sê-lo indefinidamente.

Para as procriações artificiais por substituição e por deslocamento, existe a oferta de um número cada vez maior de técnicas. Aquelas que utilizam o deslocamento não mudam em nada o patrimônio genético do filho, mas não podem ser executadas, porém, sem o concurso dos biólogos e dos médicos.

A mais comum dessas procriações é a inseminação artificial praticada numa mulher com o esperma de seu marido, cujos espermatozóides não podem, por razões variadas, penetrar no útero. Embora se utilize neste caso os gametas dos pais, trata-se, não obstante, de uma procriação assistida.

A fecundação *in vitro* retira oócitos de uma mulher, fecunda-os em laboratório com os espermatozóides do cônjuge e recoloca-os no útero materno. O deslocamento opera-se neste caso no espaço. No começo, a fecundação *in vitro* destinava-se a obviar situações em que as trompas da mulher estão completamente obstruídas. A técnica estendeu-se depois — como se disse mais acima — às trompas insuficientemente permeáveis, depois aos espermas insuficientes e a certas doenças do ovário, para atender finalmente a casos de esterilidade cujos mecanismos ainda não são compreendidos. Várias dezenas de milhares de mulheres escolheram essa técnica e mais de 1.000 bebês da fecundação *in vitro* já nasceram na França. É opinião geral que o desenvolvimento da fecundação *in vitro* está em seus primórdios.

O número de embriões obtidos numa mesma mulher pode ser superior a três: nesse caso, conservam-se os embriões supranumerários pelo temor de ver surgir — se fossem todos reimplantados — gestações de quádruplos ou quíntuplos. Esses embriões supranumerários são conservados até um ciclo ulterior. O procedimento mostra-se eficaz ao ponto de alguns especialistas se perguntarem hoje se ele não seria preferível ao de substituição no mesmo ciclo em que é praticada a punção. A conservação faz-se por congelação, e é provável que crianças cada vez mais numerosas nos cheguem também do frio. Durante quanto tempo esses embriões supranumerários e conservados poderão ser estocados? A quem pertencerão? Poderão ser objeto de um "comércio"? A existência deles gera desde já um grande número de perguntas que envolvem concepções morais, religiosas e jurídicas, tanto dos especialistas quanto de cada indivíduo interessado, e que pedem uma legislação a cada vez mais longo prazo. As posições assumidas pelo Comitê Nacional de Ética francês não têm valor coercivo e tentam traçar um meio-termo entre posições freqüentemente opostas. A rapidez do desenvolvimento das técnicas ameaça, em todo caso, tornar rapidamente obsoletos os conselhos e pareceres de hoje.

As procriações que recorrem à substituição já são muito numerosas. São possíveis múltiplas combinações desde a inseminação com os espermatozóides de um doador até os diversos tipos do que se convencionou chamar de mães de aluguel. A inseminação com o esperma do banco interessa ao casal cujo homem é estéril. Portanto, substitui os gametas do pai legal. A gravidez obtida desenvolve-se na mãe biológica: aquela cujo oócito foi fecundado. A criança que nasce é legalmente filho do casal, mas o seu patrimônio hereditário, do lado masculino, vem de outra parte. Várias dezenas de milhares de crianças já nasceram desse modo.

A situação simétrica é a de doação do oócito proveniente de uma mulher fértil a uma mulher que não o é, ou que já não tem mais um ovário funcional. A beneficiária da doação portará o filho obtido a partir da fecundação do oócito estranho pelos espermatozóides do seu próprio cônjuge.

Estes dois últimos métodos interessam ao homem e à mulher em quem faltam os gametas que permitem a fecundação. Mas existem mulheres que possuem ovários normais, portanto, oócitos, mas não têm, ou já não têm o útero. São elas as que podem recorrer às "mães de aluguel". Esse recurso, quando começou a propagar-se, suscitou por vezes sérias reticências. Mas por quê, já que a nossa sociedade aceita sem dificuldade substituir os gametas em homens e mulheres em quem eles inexistem, não deveria ser também aceitável substituir a matriz nas mulheres que estão dela privadas? Nessa modalidade, a criança que nasce pode ser o produto biológico de seu pai e de sua mãe; não faz senão desenvolver-se no útero de uma estranha. Por que essa modalidade da reprodução artificial depara com resistência? Talvez se reencontre aqui, sob uma nova forma, a velha oposição entre aqueles que privilegiam a importância do inato, do genético, e aqueles que, pelo contrário, minimizam a hereditariedade, enfatizando o que o indivíduo adquire através de seu *entourage*, seja ele qual for. Mas o feto é um indivíduo? Alguns pensam que ele estabelece *in utero* relações específicas com a mãe de aluguel e que uma ruptura corre o risco de produzir-se quando da vinda ao mundo, em outras palavras, quando essa relação deverá ser abandonada em benefício do retorno à mãe biológica. Nada permite hoje confirmar ou rejeitar essa opinião que quer que a gravidez, enquanto tal, assuma, com as sensações que implica para a mulher e as eventuais memorizações do feto, um valor mais estável, mais permanente, do que a concepção.

Seja qual for a resposta da ciência, parece que certas mulheres só podem sentir-se mães depois de terem carregado o fardo do bebê por nascer, e com certeza é aí que se situa a raiz dessa reticência que, atualmente — o fato é notável —, é a única que se manifesta em nossa sociedade: de todo o repertório de métodos de reprodução artificial, o único que choca é aquele que utiliza a mãe de aluguel.

Existem, enfim, situações que exigem uma combinação dos procedimentos de substituição e de deslocamento. A mais conhecida dentre elas é a das mães de aluguel que, além do útero que emprestam, dão também um oócito. Essas mulheres são inseminadas pelo esperma do futuro pai, o esposo da mulher beneficiária do empréstimo e da doação. A criança só é biologicamente filho ou filha do pai. Os casais que podem beneficiar-se dessa doação do oócito com empréstimo conjunto do útero são aqueles cuja mulher sofre de uma alteração simultânea do útero e dos ovários. Com efeito, o método tem sido essencialmente solicitado até aqui por mulheres que teriam podido teoricamente beneficiar-se da simples doação do oócito. Mesmo antes do aperfeiçoamento da técnica de congelamento de embriões, já se propusera a doação de embrião: os doadores seriam então os membros do casal que tenta uma fecundação *in vitro* e obtém, quando da coleta, mais embriões do que é possível realojar. De fato, o método é sempre utilizável: se a tentativa de fecundação *in vitro* é coroada de êxito, a mulher do casal não precisa mais dos embriões congelados e pode aceitar oferecê-los a um casal estéril. Esse método foi utilizado com êxito. Pôde-se até ver a beneficiária grávida, ao passo que a doadora não o estava: ironia e amargura! Nesse caso, trata-se de uma espécie de adoção precoce em que a mãe beneficiária dá à luz, entretanto, seu filho adotivo, que não terá nenhum dos caracteres genéticos de seus pais.

Último método utilizado até o presente momento: consiste em inseminar uma mulher voluntária, uma "doadora de oócito", pelo esperma do homem do casal estéril. Lava-se em seguida o útero dessa mulher, ao fim de alguns dias, a fim de recolher o embrião assim obtido. É uma doação do oócito conjugada com o empréstimo de útero "a curto prazo".

A EXTENSÃO DOS ARTIFÍCIOS

Esse catálogo, que não pode deixar de ser incompleto, das procriações clinicamente assistidas mostra, porém, que as possibilidades oferecidas aos casais infecundos para vencer sua esterilidade são cada vez mais numerosas.

Atualmente, as gestações assim obtidas são extremamente minoritárias e podem parecer insignificantes entre os 700.000 nascimentos anuais na França. Alguns pensam que essa situação não evoluirá muito e que os nascimentos artificiais permanecerão definitivamente marginais. É possível; não é certo e, a nossos olhos, alguns elementos dessa situação fazem-nos pensar o contrário. Em primeiro lugar, a demanda por parte de casais estéreis está longe de ter alcançado toda a sua amplitude possível. Se 15% dos casais são hipofecundos, sua impaciência em obter o filho que desejam pode fazer com que um número crescente deles recorra a métodos artificiais cada vez mais banalizados.

Mas, até mesmo fora dos casais hipofecundos, a vontade de programação das gestações pelos casais comuns pode conduzir um certo número deles a obter o filho desejado em períodos preferenciais mediante uma gravidez assistida, toda vez que a "natureza" se mostrar indócil e se recusar a responder ao pedido deles num prazo razoável. É evidente que esse recurso se multiplicará muito mais facilmente à medida que as técnicas propostas lograrem adquirir uma velocidade idêntica ao curso natural das procriações e, por exemplo, puderem assegurar a procriação de um filho não uma vez em quatro no decurso de um ciclo, como faz a natureza, mas uma vez em duas. Ainda não chegamos a isso. Mas, em nossa opinião, há poucas dúvidas de que em breve aí estaremos.

Mas ainda mais, talvez, do que os progressos das técnicas artificiais — em segurança, em rapidez e em comodidade —, parece-nos que é o estado das nossas sociedades que favorecerá sobretudo uma extensão importante dessas técnicas. A vontade hedonista de controlar a reprodução e a busca do conforto a todo o custo, tanto nesse domínio quanto nos outros; a maior sensibilidade ao sofrimento e aos transtornos provocados pela gravidez e pelo parto, bem como a recusa das dificuldades puramente fisiológicas ou sociais do estado de gravidez; tudo isso, que são as características de um imenso número de indivíduos de nossas sociedades, deve logicamente conduzir a demandas crescentes de assistência e, portanto, a uma extensa difusão dos artifícios.

AS PESQUISAS SOBRE O EMBRIÃO

Mas, no movimento das ciências biológicas, tudo se relaciona. Os progressos não desembocam somente nas procriações assistidas; eles também permitem prever métodos diagnósticos e terapêuticos que envolvam o próprio embrião. Podemos entrevê-los graças à fecundação *in vitro*, que coloca à nossa disposição, em laboratório, embriões humanos que podem favorecer o estudo das primeiras etapas na formação da vida. Nem todas essas pesquisas são admitidas pelo Comitê Nacional de Ética francês. Elas encaminham-se em três direções principais:

— Há aquelas que respeitam o embrião humano e estudam, em torno dele, a composição do líquido de cultura ou os fatores que modificam o seu crescimento e influenciam a sua "qualidade". Esses estudos, segundo parece, não têm opositores.

— Há as que acarretam a morte do embrião e por intermédio das quais trata-se de compreender mormente as leis e os processos da formação embrionária. Essas pesquisas requerem uma descida ao próprio âmago das células. Com efeito, no início da divisão do ovo, cada célula é intercambiável e participa, sem especialização, da formação do indivíduo que aí está em crescimento. Mas, a partir de certa fase da divisão, cada célula especializa-se para formar uma parte do embrião e nenhuma outra. Essa lei geral, válida para todos os seres vivos, esse determinismo impressionante das células que vão se especializar cada uma numa função dada, nos são desconhecidos. Por que mecanismos se opera essa especialização, essa "embriogênese"? Tem um curso fixado de uma vez por todas, ou pode sofrer transformações, desviar-se de seu trajeto, encontrar um outro alvo? Esse tipo de pesquisa aplica-se também às primeiras fases da fecundação, o que supõe uma divisão em dois do número de cromossomos de cada genitor e a reunião, por pareamento, de uma metade proveniente do pai com uma metade proveniente da mãe. Esses processos ainda são pouco conhecidos e só o estudo dos embriões humanos pode esclarecê-los.

— Há, enfim, aqueles que envolvem os embriões, mas sem lhes entravar a marcha para a formação de um indivíduo normal. Assim, é possível retirar de um embrião que se divide, que sofre uma "clivagem", cujas células se multiplicam (2, 4, 8, 16. . .), algumas células, e até metade do embrião. As células coletadas são objeto de pesquisa, enquanto as outras prosseguem seu desenvolvimento como se nada tivesse ocorrido: estas últimas compensam as células ausentes e formam um indivíduo normal. No animal, pôde-se desse modo, por "duplicação" de um embrião e reposição em seguida dos dois semi-embriões no seio da mãe, obter dois animais normais e semelhantes. No ser humano, o exame dessas algumas células coletadas poderia permitir diagnosticar — com algumas horas somente de vida — eventuais anomalias cromossômicas, até mesmo anomalias genéticas. As mulheres não teriam de suportar mais algumas semanas inúteis de gestação para chegar a uma interrupção voluntária da gravidez, sempre mal vivenciada psicologicamente.

A fronteira entre diagnóstico e terapêutica, entre a descoberta de uma anomalia e a tentação de curá-la, de corrigi-la, está mal defendida. Como não ceder à possibilidade, se ela existe, de proceder à troca de genes normais, em substituição dos deficientes? No animal, como acabamos de dizer, manipulações genéticas desse tipo já foram empreendidas e levadas a bom termo.

Por enquanto, só se prevêem para o homem terapêuticas genéticas nos tecidos dos órgãos e não em células embrionárias. No embrião, existe um risco de propagação de efeitos mal controlados, imprevisíveis — mutações — às gerações seguintes.

Mas a terapêutica genética é possível: ela está inscrita no horizonte das investigações atuais.

POTÊNCIA DO DESEJO

As pesquisas técnicas em reprodução humana têm seu movimento próprio, que as leva a segregar sempre novas soluções para questões formuladas pelos progressos anteriores. A nossa sociedade, em seu modo de reprodução, através dos casais sem dúvida, mas também por sua estrutura, possui igualmente seu movimento próprio, que a leva, a partir de filhos cada vez menos numerosos, a exigir que eles sejam da melhor qualidade possível: mais saudáveis, mais resistentes, mais fortes, mas também mais inteligentes e mais competitivos. Cada casal quer mais que reproduzir-se, quer mais do que obter filhos à sua imagem: ele quer o filho ideal, o filho vencedor. Estende-se o domínio do programável. Pode-se desde já prever quando e como obter um filho em um número de situações cada vez mais numerosas. Ainda não é possível programar as características dele, nem mesmo o sexo e, de momento, a única seleção praticável só leva em conta — para as suprimir — as anomalias e deixa viver a norma. Mas o que é a norma? Já a deriva se anuncia quando a escolha poderá operar-se com vistas ao melhor: ao filho ideal, ao vitorioso. Isso é amanhã? Mas desde hoje está desencadeado um processo que, se certamente se servirá dos progressos técnicos, só é tributário de sua existência: se servirá deles mais do que eles o influenciarão.

Qual é esse processo? Não vamos descrevê-lo minuciosamente, mas nos limitaremos, no entanto, a situá-lo.

A FUNÇÃO PARENTAL

Ouve-se freqüentemente dizer que os nascimentos assistidos implicam para o casal uma abdicação da função parental, colocada nas mãos do médico. O fenômeno pode, talvez, produzir-se excepcionalmente, quando uma fecundação *in vitro*, por exemplo, volta a unir um casal à beira de se separar, ou cura uma mulher de sua solidão. Mas, na maioria das vezes, o médico limita-se a ser um simples fornecedor de serviços técnicos. Na esmagadora maioria dos casos em que se recorre aos nascimentos assistidos, a vida da criança, cujas origens vão apresentar uma certa dificuldade para serem fixadas com inteiro rigor, não começa no dia do seu nascimento, nem mesmo no dia de sua concepção — mas remonta ao instante em que o filho é desejado. Pois é esse desejo dos pais que alicerça mais solidamente a função parental e, no caso das procriações assistidas, esse desejo aumenta com os obstáculos que se apresentam à sua mitigação. Mas essa potência aumentada de um desejo por largo tempo insatisfeito significa que esse filho é, mais do que numa procriação natural, o fruto esperado de um casal unido por seu aparecimento? Será ele, esse filho, mais e melhor o herdeiro de cônjuges cujo modo de ser no mundo esteve, por algum tempo, suspenso da chegada dele? Será ele, mais do que uma outra criança, o objeto ou o sujeito da atenção, afeição e proteção dos pais? As complicações de seu nascimento lhe darão, a seus olhos e aos olhos de seu pai e de sua mãe, um novo rosto? É demasiado cedo para responder pela observação a todas essas interrogações. Mas, sem querer diminuir a importância das condições técnicas do nascimento, passagem obrigatória da vinda ao mundo dessas crianças, parece-nos que seu rosto será determinado — muito mais do que pela história de seu nascimento e pelas dissociações de funções que, por vezes, ela pode comportar — pelas dissociações cada vez mais freqüentes da vida familiar, social, cultural, em que será precipitada.

Se essa nova criança corre o risco de ser um mutante, se não reproduz mais a imagem de seus genitores, se não adota as ambições deles para si mesma e o seu modo de ser no mundo, deverá isso menos aos progressos das técnicas que lhe terão permitido nascer do que à busca por seus pais e pela sociedade dessa criança perfeita adaptada — mas como? — a um futuro indecifrado.

PARTE II

Da reprodução à mutação

Capítulo 1

O que é um homem?

Tratou-se até aqui do surgimento das técnicas que permitem o desenvolvimento de nascimentos assistidos, desde a inseminação com doador até os bebês de proveta, das mães de aluguel até os embriões congelados; e daquelas que conduzem às intervenções no capital genético. Mas o motivo e o motor deste livro situam-se em outra parte. Na convicção de que a busca do saber nos conduz, com essas técnicas e com as que se anunciam, a um ponto de ruptura. De que, em seu jogo contra a natureza, que é o traço específico da ciência nascida da civilização européia, consuma-se um período da consciência humana. Chegamos a um ponto em que o jogo do saber se torna capaz de modificar, de um modo irreversível, decisivo, o indivíduo, a sociedade, a espécie. Esse lugar é novo, inédito, ainda quase inexplorado. É o futuro que se abre hoje diante de nós e que constitui, antes de tudo, o nosso propósito: é ele que queremos reconhecer.

Durante muito tempo, desde as origens humanas provavelmente, as religiões ofereciam à memória inquieta dos homens uma perspectiva totalizante que permitia dizer-lhes: eis os fins últimos da espécie, eis a pedra de toque da humanidade; e apaziguar assim essa inquietação constitutiva. Nos últimos três séculos, desde Galileu, desde que começou a lenta agonia do que tem sido às vezes batizado de "a morte de Deus", as ciências modernas, ao se desenvolverem à sombra das religiões, se bem que, quase sempre, contra elas, continuaram, porém, a nos descrever uma natureza dotada de leis imutáveis: que não reconheciam solução de continuidade entre o inerte e o vivo; para as quais tudo estava determinado no mundo, desde o passado mais remoto até o futuro mais longínquo. Esse determinismo, essa necessidade absoluta do devir, ainda nos tranqüilizava. Mas hoje, após os anos 60 do século atual, sobrevindo num contexto que elas contribuíram para constituir, as ciências, ao manipularem o vivente, fizeram-nos descobrir que já não existe perspectiva totalizante, que não há mais uma explicação única e que a mudança, que é a única lei, também promana de nós mesmos, sem que por isso lhe conheçamos o sentido. Essa situação é vertiginosa. É dela que vamos tratar agora.

PREDETERMINAR AS CONDUTAS DE UM HOMEM?

Em seu centro se vaza a interrogação primordial: o que é um homem? E esta: resumir-se-á ele aos seus genes? E se amanhã for possível mudar os genes de uma planta, de um animal... não se irá mudá-los também no homem? E então, o que será dele? Essas intervenções serão capazes de eliminar os "maus" genes? de selecionar os "bons" — mas quais são os bons? —, e essa seleção irá determinar os nossos comportamentos e mantê-los sob seu permanente controle?

E se essa determinação for obtida, se se puder, mudando os genes, controlar com segurança nos homens assim manipulados condutas comandadas, portanto previsíveis, e submeter desse modo os atos deles à sua predestinação programada, a intervenção no biológico será decisiva: ela comporta um poder e um risco infinitos. Então, o que está em jogo é algo imenso. Abre-se então um mundo de objetividade pura. E se o efeito não vinga? Se nem tudo é biológico no homem? Se alguma coisa, alguma relação ou influência escapa? Se a vida humana não se reduz aos "tijolos" que a constroem, mas é animada por uma liberdade que escapa à objetivação atuante nas ciências? Se o fato de compreender hoje a "natureza" e de intervir nela se mostrasse insuficiente para controlar-lhe a existência e decifrar-lhe o sentido em nós? Nesse caso, de toda maneira, as alternativas em jogo não seriam reduzidas ao desprezível.

Que seja doravante concebível predeterminar as condutas de um homem modificando-lhe a genética ilumina, em todo caso, com uma luz muito crua o caminho que as ciências fizeram a humanidade oriunda da velha Europa percorrer nos últimos três séculos. Sob seus êxitos, abriu-se um hiato cada vez mais vasto. De um lado, a vontade que as ciências manifestam de se apropriar do mundo através das descrições objetivas de seus fenômenos e dos experimentos que elas realizam, com vistas a assegurar-se, por sua repetição, da realidade daqueles. Do outro lado, essa vida que se sente em cada um de maneira subjetiva, sem se preocupar com saberes nem com provas, ligada que está a um sentimento de ser que não pode exprimir-se em termos objetivos, mas somente se capta em profundidade: se vive. Esse grande hiato nascido do imperialismo científico que nega a plena existência a tudo aquilo que não se submete vitoriosamente às regras de verificação e, portanto, que a nega ao mundo sensível inteiro, à cultura e às artes, ao sentimento de ser pessoa, assim como às provas que nascem do prazer e das lágrimas. Hoje, alguns chegam a pensar que esse imperialismo científico nos condena à supressão de nossa imagem, de nossas referências próprias, de nossa identidade.

OS DOIS ABSOLUTOS

Seremos autômatos do ADN? Marionetes genéticas, e, totalmente determinados, avançamos na opacidade enganadora de nós mesmos para um destino que não é o nosso? "Não passamos de máquinas da sobrevivência — robôs programados para preservar as moléculas egoístas conhecidas pelo nome de genes", escreveu com a força tranqüila da certeza Robert Dawkins. Ou seremos, como os ratos de Pavlov, educados, domesticados desde tenra idade por aqueles que nos cercam, a família, os pedagogos da escola, a própria sociedade; e o condicionamento precoce comandará inexoravelmente os nossos comportamentos e até as iniciativas domesticadas da nossa inteligência?

Não nos resta hoje outra escolha senão entre essas duas ideologias, entre essas duas correntes do pensamento dominante que, para se revestirem por vezes de formas menos abruptas e adotar, quando querem convencer, linguagens mais sedutoras, revertem, uma, ao tudo é biológico, a outra, ao tudo é educação; uma, ao tudo é indivíduo, a outra, ao tudo é sociedade.

Digamo-lo desde já: o nosso propósito aqui não é ficar oscilando entre esses dois pólos e tentar assim descobrir uma terceira via mediana que permitisse acomodar as evidências que escoram tanto um dogma quanto o outro.

O nosso projeto consiste em averiguar se uma ou outra dessas duas escravidões é fundamentada, e qual, ou se nem uma nem outra o é... Esta segunda intenção habita e sustenta o nosso projeto cotidiano: examinar mais de perto essa respiração de inquietação que cadencia o sopro de nossa liberdade.

NÃO SEJAMOS INGÊNUOS

Toda ingenuidade seria aqui culpada. Quando, num dado momento de nossa história, os cientistas chegam a apresentar-nos o nosso *status* sob duas imagens tão contrastadas no totalitarismo quanto *Admirável mundo novo* e *A laranja mecânica,* não podemos deixar de esbarrar no mistério: as intenções políticas. Seria, com certeza, simplista e excessivo descobrir em todo adepto do biologismo integral um conservador autocrático e, no partidário do todo social, um autocrata progressista: aqui, os Estados Unidos de Reagan e, ali, a URSS de Stalin. Mas acreditar no movimento das ciências política e socialmente neutro é de uma ingenuidade angelical. As ciências e os homens que as fazem são de uma época e de uma sociedade, as descobertas não ocorrem por acaso num momento dado aqui ou ali, e se elas são aleatórias, a compreensão e, portanto, as explicações que fornecem são modeladas pelo estado da sociedade onde elas se produzem. Essas poucas reflexões, evidentes, não são inúteis.

Não só se escuta dizer hoje que os genes codificam para as aptidões e que em nós nenhuma virtualidade escapa ao poder deles, mas também que os êxitos e os fracassos de nossas ações são transcritos pelas fraquezas e pelas acuidades da nossa vontade, pela qualidade ou pela falha de estrutura do nosso caráter, e que, por conseguinte, a nossa vontade e o nosso caráter — o que tece a nossa vida sensível — doseiam a nossa agressividade: enfim, que todas as nossas paixões também são programadas. Assim, estaríamos escritos em todos os nossos atos e o nosso pensamento inspirar-se-ia num outro lugar. O que significaria que toda gesticulação para escaparmos dessa coleira invisível é ridícula e cômica, pois seguiríamos inexoravelmente pelos caminhos por onde nos conduzem. E quem nos conduz é o ADN, por certo!

A SELEÇÃO SEGUNDO DARWIN

Os sociobiólogos baseiam primordialmente sua teoria na obra de Darwin. Essa adaptação — essa coleira — nada mais é do que o resultado da "seleção dos mais aptos", fórmula na qual, com efeito, se põe todo o empenho em encerrar Darwin. Essa seleção, segundo essa interpretação, não se exerce sobre os organismos, mas nos genes. Para avaliar as coisas, é necessário retornar por um instante à obra, saber em que consiste a seleção segundo Darwin.

É, em primeiro lugar, a variação. Todo organismo vivo está sujeito a variações. São as variações que permitem aos pecuaristas, selecionando-as, orientar a reprodução das vacas leiteiras, por exemplo, no sentido que eles desejam: em vista de uma melhoria do rendimento e da qualidade do leite. Para Darwin, essa seleção artificial tem seu equivalente natural.

Ao sabor de circunstâncias pouco esclarecidas, produzem-se variações complexas e múltiplas no seio de uma espécie: as apresentadas por um indivíduo podem constituir uma vantagem no meio no qual ele evolui. O indivíduo portador de uma variação favorável desfrutará vantagens em sua luta pela existência. Na época, é a teoria de Hobbes que domina a visão que se tem do mundo: é a luta de todos contra todos; é a lei da selva. Uma vantagem de adaptação confere ao indivíduo, portanto, uma superioridade sobre os seus congêneres; essa superioridade é legada aos seus descendentes e estes estão, pois, destinados a tornar-se hegemônicos. É nessa base que nasce o conceito darwiniano da seleção dos mais aptos, a qual tem por corolário a eliminação dos mais fracos. Esse combate mortal deixa subsistir — seleciona — uma espécie em progresso sobre a precedente, uma espécie superior. Há, portanto, algo como uma otimização das espécies à medida que ocorre a sucessão hegemônica dos mais aptos. O que se passa no seio de uma dada espécie passa-se também entre as espécies. Como não existe descontinuidade na cadeia zoológica, o homem não difere portanto, pela natureza, dos animais que lhe são inferiores, mas pelo grau: de inteligência, de afetividade, de organização. Aliás, é essa determinação orgânica das espécies que permite a alguns afirmar hoje — como se verá — que ela também rege as relações inter-humanas em nossas sociedades. Haveria uma mesma lei evolutiva para todos os patamares da evolução: as sociedades humanas seriam regidas pela regra da promoção dos mais fortes e da eliminação dos desfavorecidos da seleção.

A CONVERSÃO SEGUNDO DARWIN

Isso é ignorar deliberadamente um outro aspecto da obra de Darwin que vem corrigir o conceito da "seleção dos mais aptos": na espécie humana ocorre uma conversão provocada pelos comportamentos anti-seletivos dos homens.

Na espécie homem produz-se através do tempo um recrudescimento da racionalidade, simultaneamente com os instintos sociais e o sentimento de simpatia. Esse movimento opera-se à medida que a civilização se instala. Desse ponto de vista, a civilização é o estado no qual a seleção se volta progressivamente contra si mesma. Em vez de favorecer a supressão dos fracos, os fortes os ajudam e os assistem. É nesse caminho que nascem a higiene, a medicina, o exercício físico, que permitem reabilitar os menos aptos.

No espírito de Darwin, o meio ambiente do homem, o que ele segrega no contato com o seu *entourage*, é decisivo em sua evolução. Essa intervenção conduz a uma inversão das hierarquias naturais em favor de uma reabilitação dos mais fracos à imagem e semelhança dos mais fortes: produz-se uma conversão do egoísmo em solidariedade. Percebe-se a que ponto essa visão da evolução da espécie humana difere da de um Malthus, opondo-se à lei sobre os pobres.

Mas como se explica essa conversão?

OS EFEITOS SECUNDÁRIOS SEGUNDO DARWIN

"Por mais importante que a luta pela existência tenha sido e ainda seja, outras influências mais importantes intervieram no que se refere à parte mais elevada da natureza humana. As qualidades morais progridem, de fato, direta ou indiretamente, muito mais pelos efeitos do hábito, pelo raciocínio, pela instrução, pela religião, etc., do que pela ação da seleção natural, embora se possam atribuir com certeza à ação desta última os instintos sociais que estão na base do desenvolvimento do sentido moral." [1]

Haveria, portanto, efeitos primitivos que, sob a ação da civilização, declinariam, e novos efeitos, nascidos dessa mesma civilização, que agiriam em direção oposta.

Explicitando em exemplos o seu pensamento, Darwin escreveu em outra altura da mesma obra: "Nos selvagens, os indivíduos fracos de corpo ou de espírito são prontamente eliminados; e os sobreviventes fazem-se prontamente notar por seu vigoroso estado de saúde. Quando a nós, homens civilizados, fazemos, pelo contrário, todos os esforços para deter a marcha da eliminação: construímos hospitais para os idiotas, os aleijados e os doentes; criamos leis para auxiliar os indigentes; nossos médicos exibem toda a sua ciência para prolongar tanto quanto possível a vida de cada um. Existem razões para crer que a vacinação preservou milhares de indivíduos que, débeis de constituição, teriam outrora sucumbido à varíola."

A ÉTICA ANTI-SELECIONISTA DE DARWIN

A teoria darwiniana seria, portanto, uma conversão.

Primeiramente, uma teoria do devir das espécies vivas que observa, através da história natural delas, uma evolução dos organismos pelo jogo das variações selecionadas, no sentido da maior vantagem adaptativa: a descendência é modificada pela seleção natural dos mais aptos. É a teoria da mutação-seleção que se apresenta como uma teoria continuísta — sem rupturas — da natureza.

Em seguida, a descoberta no homem civilizado de instintos sociais altruístas: surgem nele comportamentos que contrariam a marcha eliminatória da seleção natural e que, em contrapartida, instauram procedimentos de salvaguarda: reabilitação e assistência em favor dos indivíduos deficitários cuja sobrevivência está ameaçada. O que está aí agindo, segundo Darwin, é ainda a seleção, aquela

---

1 Charles Darwin, *De la descendance de l'homme*, 1871.

que atua sobre os instintos, sobre todos os instintos e, por conseguinte, sobre os instintos sociais que, no homem civilizado, se tornaram preponderantes.

O que significa uma aceitação pelo homem civilizado das conseqüências antieugênicas de seus comportamentos. Em outros termos, a seleção natural, através da seleção dos instintos sociais, conduz a uma espécie de ética anti-selecionista. Num meio civilizado, a seleção natural já não exerce o essencial da função de evolução: com a civilização, passa-se da luta pela existência e do combate de todos contra todos à solidariedade, cuja perenidade e desenvolvimento se encontram, sempre segundo Darwin, sob a dependência da educação.

A teoria darwiniana, completa, descreve o surgimento no homem da seleção natural de um homem solidário. Essa solidariedade está inscrita desde sempre em seu patrimônio hereditário como uma possibilidade de futuro. Essa possibilidade só se desenvolve sob o efeito da educação: "Uma boa educação durante a juventude, quando o espírito é muito impressionável, e um alto grau de excelência praticado pelos homens de maior distinção, incorporado nas leis, costumes e tradições da nação, e exigido pela opinião pública, parecem constituir as causas mais eficazes do progresso. [. . .] Mas cumpre recordar sempre que o poder da opinião pública depende do caso que fazemos da aprovação ou da censura expressa por nossos semelhantes, o que depende de nossa simpatia que, não cabe duvidar, a seleção natural desenvolveu primitivamente, pois constitui um dos elementos mais importantes dos instintos sociais."

UMA COMPENSAÇÃO "NATURAL"

Há, pois, no homem, uma superação de seu programa. O lugar de onde essa superação recebe sua ordem não está descrito. Entretanto, não existe nenhum traço de uma inspiração transcendental: mergulhado no homem "bárbaro" ou "selvagem", imerso sob a forma de um projeto, haveria no homem, portanto, um instinto de simpatia que abriria caminho, da luta pela vida para a solidariedade da espécie. Assiste-se na obra de Darwin à justaposição na espécie humana de duas formas de seleção natural: uma forma antiga que já era a sua na esfera animal, tendo por traços dominantes a concorrência, a eliminação dos mais fracos, a seleção dos mais aptos; e uma forma recente e nova, que corresponderia à conversão dessa tendência, ao desenrolar de sua face oculta.

Essa moral altruísta do socorro engendra no homem um déficit biológico que Darwin não nega: se os mais fortes não são os únicos a subsistir, então se desenvolve uma espécie debilitada. Mas essa deficiência é compensada pelo surgimento da cultura, a qual desenvolve as artes e as técnicas. Não só estas últimas compensam o enfraquecimento biológico da espécie, mas a tornam mais poderosa do que todas as outras e, finalmente, hegemônica. É de suas fraquezas que o homem extrai sua força, é porque nasce inacabado que o filho do homem, prematuro, se beneficia das contribuições do mundo exterior e alimenta com informações exteriores as suas terminações nervosas.

Escreve ainda Darwin: "O nosso interesse de simpatia impele-nos a socorrer os infelizes; a compaixão é um dos produtos acidentais desse instinto que adquirimos no princípio na mesma qualidade dos outros instintos sociais de que ele faz parte. [. . .] Não poderíamos restringir a nossa simpatia, mesmo admitindo que a razão inflexível nos fizesse dessa restrição uma lei, sem infligir danos à parte mais nobre da nossa natureza. O cirurgião deve tornar-se inacessível a todo sentimento de piedade no momento em que realiza uma operação, pois sabe que se trata do bem de seu paciente; mas se, de forma deliberada, ele negligenciasse os fracos e os inválidos, só poderia ter em vista uma vantagem eventual ao preço de um mal presente considerável e certo. Portanto, devemos sofrer sem nos queixar os efeitos incontestavelmente ruins que resultam da persistência e da propagação dos seres débeis."

O HARAS HUMANO

A ideologia científica, que desde Galileu domina o desenvolvimento das sociedades e das ciências européias, confere a supremacia à busca da objetividade e desvaloriza outro tanto todos os "valores" culturais que não são objetiváveis — na primeira fila dos quais a subjetividade de cada um — e suas obras. Essa desvalorização não se operou de um dia para o outro, mas atinge hoje, provavelmente, uma taxa tão baixa que a defasagem entre a vida descrita e a vida vivida tornou-se considerável.

Trata-se de medir a importância das últimas manifestações, as mais recentes, dessa ideologia científica. Se, por um lado, existe uma influência direta das intervenções no ser vivo, possibilitadas pelas técnicas da reprodução e da genética, não podemos desprezar, por outro lado, a força dos efeitos indiretos dessa ideologia objetiva que, através dos meios de informação, age sobre a psicologia do homem europeu: essa influência traduz-se, aos olhos de certos observadores, como um retorno à barbárie. Mais adiante, neste livro, tentamos avaliar as causas conhecidas desse fenômeno. O exemplo do que se passou na segunda metade do século XIX e na primeira metade do século XX já vai nos ajudar. Malthus e Darwin — o primeiro Darwin, o único que foi promovido à notoriedade, o da seleção dos mais aptos e da eliminação dos mais fracos — encontram-se na origem de comportamentos individuais, sociais e políticos novos. Num livro que data de 1918, intitulado *Le Haras humain*, um médico francês, Binet-Sanglé, enumera, em prolegômenos à sua utopia selecionista, uma série de tomadas de posição e de fatos destinados a mostrar que não é o único que tem sua opinião e que se encontra em muito boa companhia. Assim, em 1896, vemos Berry Haycraft propor que se torne "a reprodução impossível aos portadores de taras hereditárias" e, no ano seguinte, um certo Vacher de Lapouge escreve: "Seria indispensável providenciar a incapacidade radical para contrair matrimônio de todos os indivíduos incapazes de dar produtos úteis à sociedade." Dez anos depois, em 1905, Reid Rentoul, de Liverpool, precisa as proposições de Barry Haycraft e propõe esterilizar "os sifilíticos, tuberculosos, leprosos, cancerosos, cardíacos, nefríticos, idiotas, loucos, criminosos, prostitutas, vagabundos e epilépticos". Essa aparente mistura de processos patológicos díspares explica-se quando se compreende que se trata, em todos os casos, de traços hereditários aos olhos do autor, portanto, incuráveis, e que têm a desvantagem de ser transmitidos à descendência. Na mesma época, Paul Robin não hesita em desejar que "se esterilizem obrigatoriamente aqueles que não poderiam impedir-se de atravancar a humanidade de degenerados sem esperança de felicidade para si próprios e até perigosos para os outros". O Dr. Binet-Sanglé assinala, aliás, que a esterilização foi permitida em 1907 pelo Estado de Indiana nos Estados Unidos e, entre 1907 e 1925, por 15 outros Estados norte-americanos. Paralelamente a essas medidas cirúrgicas, que vão desde a enucleação das glândulas genitais aos mais modernos procedimentos de resseção dos deferentes no homem e de ligação das trompas na mulher, medidas de interdição de casamento são igualmente propostas. A Federação Alemã dos Monistas "solicitou que fosse imposta aos futuros cônjuges a produção de um certificado médico atestando não existir nenhum motivo de temor de que a união projetada pudesse ser nociva à saúde de um dos cônjuges ou à sua descendência"; e, nos Estados Unidos, no Alabama, Colorado, Geórgia, Michigan, Minnesota e Tennessee, o casamento foi realmente interditado aos "portadores de doenças venéreas, imbecis, idiotas, loucos e epilépticos".

E Binet-Sanglé acaba assim expondo suas próprias proposições, as quais visam — seria ocioso dizer — o progresso da felicidade na humanidade. Para se alcançar essa felicidade, escreve ele, "devemos dedicar-nos, portanto, a criar e a reproduzir: 1) inventores geniais; 2) organizadores dotados de autoridade, de método e de senso prático; 3) artesãos hábeis e conscienciosos; 4) mão-de-obra robusta e disciplinada". E insiste: "Essa será a nova aristocracia, mas, para produzi-la, cumpre encontrar primeiro os indivíduos de elite e aparelhá-los." A responsabilidade dessa busca incumbe aos antropogeneticistas "cantonais, departamentais e regionais, hierarquizados e colocados sob a autoridade do ministro de Antropogenética". São esses homens que efetuarão uma observação de cada um dos indivíduos e preencherão as "fichas". Após um capítulo sobre o recrutamento dos pensionários, passa-se ao pareamento dos casais, onde se destaca esta notação: "Serão evitadas as diferenças demasiado grandes de raça, pois, nesse caso, é freqüentemente observado o retrocesso ou a infecundidade. É o que ocorre com os mulatos e os mestiços."[2] Mulatos, mestiços & Cia.

O CÉREBRO SEGREGA O PENSAMENTO

Vemos aí a fonte de algumas das medidas de prevenção hoje admitidas em nossos costumes — como a visita médica pré-nupcial. Com

2 O livro inteiro mereceria ser citado, e registramos aqui os nossos agradecimentos a Pierre Darmon por nos ter chamado a atenção para ele.

freqüência, aliás, causa surpresa a proximidade que continua existindo entre certas formas do pensamento científico do final do século XIX e as de hoje. Quando de um recente colóquio sobre as neurociências em Bordéus, um eminente especialista em neuroendocrinologia afirmava: "Dispomos agora de todas as provas de que o cérebro depende do direito comum: que ele segrega o pensamento como o fígado a bílis, empregando os mesmos mecanismos fisioquímicos"; declaração próxima da afirmação no final do século passado, de Moleschote: "O cérebro segrega o pensamento como o rim a urina." Mesmo que os mecanismos imaginados então e agora sejam provavelmente diferentes, verifica-se, porém, a mesma vontade de reduzir os mecanismos do pensamento humano à sua biologia. E no entanto, mesmo no âmbito da doença mental, ainda não se conseguiu até hoje vincular, de maneira simultaneamente precisa e suscetível de ser reproduzida, uma sintomatologia clínica e uma desordem orgânica que acarrete uma modificação dos modos de pensamento. Talvez o cérebro segregue o "pensamento", mas é duvidoso que o faça sozinho, encerrado nos limites do seu organismo e sem contatos com outros sistemas que com ele confinam ou o englobam.

O cérebro, e a função superior que ele assume, diga-se, é talvez, de todos os órgãos do comportamento, aquele a propósito do qual a genética adquiriu maior importância: desde a forma do crânio do assassino — na teoria de Lombroso — às mais recentes controvérsias sobre os quocientes intelectuais comparados e descobertos desiguais entre as populações brancas e negras. A antropologia criminal dos fins do século XIX afirmava, portanto, com a maior seriedade, que se reconhecia um assassino pela forma do seu crânio. Era a herdeira da frenologia do século precedente, a qual pretendia que todas as faculdades humanas, integradas no cérebro, se resumiam a uma soma de "capacidades". Tinha-se ou não tal ou qual "bossa", a das matemáticas, por exemplo; e essas bossas estavam localizadas em regiões precisas e distintas do cérebro. No fim do século XIX, as regiões já não tinham bossas nem capacidades, mas albergavam funções: a palavra, a visão, a memória, etc., e quanto mais pesado o cérebro fosse, mais funções abrigava e mais permitia o desenvolvimento da inteligência.

Se a tendência é para rir dessas teorias que levaram na época a estudar *post mortem* toda uma série de cérebros famosos, como o de Einstein, basta recordar que ainda não faz muito tempo — na década de 70 — alguns autores, que não riam e escreviam em revistas médicas muito sérias, publicaram em numerosas ocasiões seus trabalhos acerca de um cromossomo Y supranumerário que, em dado momento, foi designado como o cromossomo do crime.

É uma constante: uma teoria científica, por pouco que se mantenha durante certo tempo, não permanece confinada no espaço abstrato dos conceitos, mas passa para a prática; primeiro científica, depois médica, finalmente legal — segundo uma progressão irresistível. Em matéria de reprodução humana assistida, bem como de genética, esse pendor confirma-se nos dias de hoje.

Na Inglaterra, a pesquisa genética favorecida pelo malthusianismo desemboca no eugenismo. As técnicas biométricas esforçam-se então por elucidar as diferenças de desempenhos intelectuais inter-raciais, em benefício sempre renovado dos anglo-saxões sobre todos os outros povos. Assim é que em 1924 foram os testes biométricos mentais que permitiram a votação da lei sobre as restrições à imigração desejadas pelos poderes públicos nos Estados Unidos. Os imigrantes italianos, judeus, eslavos, etc., descobrem-se do ponto de vista biológico, e por causa de suas respectivas raças, inferiores em inteligência. Todos nós sabemos aonde conduziriam alguns anos mais tarde, na Alemanha, essas mesmas considerações "científicas".

O ESCÂNDALO BURT

As teorias científicas e as técnicas que elas permitem desenvolver estabeleceram na Europa relações tão estreitas e múltiplas com os comportamentos sociais e as teorias políticas que não é mais possível determinar quem influencia o quê. Um exemplo desse imbróglio perpétuo é o de Cyril Burt. Seus estudos sobre os quocientes intelectuais serviram durante muito tempo de importante referência, essencial, para todos os que postulavam estar a inteligência sob a dependência dos genes e ser herdada. Com efeito, Cyril Burt tentava estabelecer a hereditabilidade da inteligência, utilizando, para fins que lhe eram próprios, o teste de quociente intelectual criado na França por Binet para detectar, na escola, as crianças que não conseguiam acompanhar o ritmo dos estudos. Para isso, durante anos, Burt comparou os escores obtidos nesse teste por gêmeos separados ao nascer e criados em famílias de origem e *status* social nitidamente diferentes. Através de toda uma série de estudos publicados nas melhores revistas científicas, ele mostrou assim, a intervalos regulares, que os gêmeos separados obtinham resultados perfeitamente iguais no teste de quociente intelectual: se o *entourage* mais ou menos favorável oferecido pelas famílias de acolhida não consegue modificar a inteligência, então esta é hereditária e fixada geneticamente de maneira definitiva, seja qual for o meio ambiente. Se, escreveu Burt, entre outras coisas, em 1961, a inteligência é inata e, portanto, inscrita de uma vez por todas nos genes: "o continente limita forçosamente o conteúdo; é impossível que uma vasilha de um litro possa alguma vez conter mais de um litro de leite; do mesmo modo, é impossível que o nível de instrução de uma criança possa ultrapassar o que lhe é permitido por sua capacidade para instruir-se".

Ainda em sua vida e mesmo após sua morte, essa tese de Cyril Burt foi, entretanto, combatida: seus estudos estão, de fato, maculados por um certo número de preconceitos que permitem pôr em dúvida suas conclusões. Entretanto, a demonstração mantém-se forte e perturbadora para todos aqueles que defendem a teoria da aquisição da inteligência.

De súbito, em 1976, estoura o escândalo quando, no *Sunday Times*, um jornalista, Oliver Gille, descobre após uma minuciosa investigação que duas das colaboradoras regulares de Sir Cyril Burt, que em vida deste assinavam com ele suas publicações científicas e administravam os testes de QI aos gêmeos. . . jamais haviam existido! Todos os estudos de Burt constituíam apenas uma vasta fraude. A principal referência científica dos partidários da hereditabilidade da inteligência se desmoronava.

Hoje em dia, parece que a hereditabilidade da inteligência é simplesmente um mito de consonância política e racial. A inteligência da criança desenvolve-se tanto quanto seu *entourage* o permite. Em 1982, na França, M. Schiff conduziu uma experiência com uma trintena de filhos de operários adotados antes dos seis meses de idade por famílias de executivos, e comparou-os com uma vintena de seus irmãos e irmãs que permaneceram no lar de seus pais biológicos e, portanto, geneticamente da mesma origem. As crianças criadas num ambiente mais favorável ao desenvolvimento de sua inteligência obtiveram regularmente escores mais elevados nos testes e registraram menos fracassos escolares: 13% de fracassos contra 56% para seus irmãos e irmãs menos favorecidos.

Quer isso dizer que a genética não desempenha nenhum papel na herança intelectual? Quando se trata de crianças normais, parece que o seu papel está, com efeito, reduzido a quase nada. Nas crianças débeis, a genética poderia desempenhar um papel tanto maior quanto mais profunda for a debilidade. O que, aliás, não significa — a menos que se pense que tudo é biológico nas crianças — que uma eventual correção gênica acarretaria por certo uma melhora.

O DOGMA CENTRAL REVISITADO

"É necessário considerar o organismo inteiro como a expressão epigenética última da própria mensagem genética", escreve Monod; e, para Crick, o ADN, na origem dessa mensagem, para além do organismo, dita suas ordens aos seus descendentes. O dogma pode ser integralmente recapitulado mais ou menos assim: no começo era o ADN, que delegou o ARN, que fez germinar as proteínas, que se compuseram em organismos, os quais, submetidos às leis da seleção natural dos mais aptos — e segundo, portanto, uma direção única —, produziram espécies cada vez melhor adaptadas. Essa evolução, diz-se que ela está em "progresso" mesmo se o sentido da progressão está mal elucidado — a menos que seja descrita como uma complexidade crescente dos sistemas de comunicação das espécies mais "aptas"... para quê? Dominar a natureza? Espiritualizar o homem?

Vê-se claramente como o dogma central confere à molécula original de ADN um primado decisivo: só ela possui "ser", como diriam os filósofos transcendentalistas: os organismos e, portanto, os homens nada mais são do que formas e aparências: epigenéticos. Tudo está no gene a partir do qual, por uma série de sistemas de comunicação cada vez mais complexos, se elaboram indivíduos, espécies, mas também — será esse o passo dado pelos sociobiólogos — sociedades, organizações sociais, não sendo estas últimas senão a adição dos indivíduos justapostos que as compõem. O código do ser vivo continua sendo sempre a referência fundamental das ciências biológicas. E mesmo para aqueles cientistas que a consideram reducionista e a sabem comprovadamente deficiente, por certas observações e experimentos, essa referência continua sendo a única abordagem operacional. Não podem passar sem ela para ir mais adiante.

Duas questões fundamentais se apresentam neste ponto, às quais não podemos escapar: a primeira é a da origem do ADN original; a segunda, a da natureza da direção tomada pela evolução. Da resposta dada à primeira questão depende em grande parte a resposta que se dá aos problemas apresentados pelas relações entre o indivíduo e o social, entre o organismo e o seu meio ambiente, entre o inato e o adquirido. Da resposta à segunda depende a apreciação que se pode fazer dos projetos de organização social e, portanto, política, das nossas sociedades; de modo exemplar, das implicações sociopolíticas da sociobiologia.

CITANDO FRANÇOIS JACOB

A propósito da origem, eis o que diz, mais ou menos por estas palavras, François Jacob em seu livro *La logique du vivant*. Para o biólogo, o ser vivo só começa com o que pôde constituir um programa genético. Para ele, é somente a partir do dia em que se expõe à seleção natural que um objeto merece o nome de organismo. Jacob vê a marca do ser vivo na faculdade de se reproduzir, mesmo que um ser primitivo exija vários anos para formar seu semelhante. E assinala o que opõe o biólogo ao químico: "Para o químico, em contrapartida, existe algo de arbitrário em querer traçar uma demarcação onde nada mais podia existir senão continuidade. Todo organismo contém uma panóplia de estruturas, funções, enzimas, membranas, ciclos metabólicos, compostos ricos em energia, etc. Qualquer que seja o início atribuído ao que se chama um sistema vivo, a organização deste só se concebe no seio de um meio ambiente já preparado de longa data." E concorda com esta posição assim descrita do químico: não existe hiato entre uma evolução química e a evolução biológica. "No laboratório, pode-se tentar reconstituir as condições que, ao que parece, prevaleciam na terra antes do aparecimento de seres vivos. Vê-se formar então espontaneamente toda uma série de compostos orgânicos. [. . .] Apesar de sua ineficácia, as reações requeridas para a elaboração das macromoléculas que caracterizam o ser vivo parecem efetuar-se na ausência de catalisadores biológicos." Mas, acrescenta Jacob, e isso é importante: "Entretanto, o que dificilmente se consegue representar é o aparecimento de um sistema integrado, por mais primitivo que seja; é a origem de uma organização capaz de se reproduzir, ainda que mal, ainda que lentamente."

O acaso não é capaz de dar essa espécie de salto qualitativo que separa o orgânico do vivente; é necessário encontrar um ancestral: "[. . .] por onde começou isso? A mensagem genética não pode ser traduzida pelos próprios produtos de sua tradução. Sem ácidos nucléicos, as proteínas carecem de amanhã. Sem proteínas, os ácidos nucléicos permanecem inertes. Qual é a galinha e qual é o ovo?" Com essa interrogação, sem que o pareça, François Jacob questiona a linearidade proposta por Crick e Watson: ADN, depois ARN, depois proteína. Onde está o precursor do ADN e da proteína? Onde está o precursor? pergunta ele: mantém-se ainda dissimulado em algum recanto inexplorado da Terra? Ou aterrissou, num dado momento, de um outro planeta? Na ausência de vestígios que indicariam o rastro desse precursor, restam apenas conjeturas, uma das quais, entretanto, está excluída: "E, no entanto, o que a biologia demonstrou foi que não existe entidade metafísica para se esconder por trás da palavra vida. O poder de reunir-se, de produzir estruturas de complexidade crescente, mesmo de reproduzir-se, pertence aos elementos que compõem a matéria. Das partículas até o homem, encontra-se toda uma série de integrações, de níveis, de descontinuidades. Mas nenhuma ruptura, nem na composição dos objetos nem nas reações que aí se desenrolam. Nenhuma mudança de 'essência'." Que melhor maneira de dizer que, se possuímos efetivamente o alfabeto do vivente, ainda não lhe conhecemos a gramática, nem a sintaxe e ainda menos os estilos? Mas o que é que conta mais? O fundo ou as organizações? E sendo o vivente a própria organização?. . . É possível uma resposta operacional:

"Todo objeto que a biologia considera representa um sistema de sistemas. Ele próprio elemento de um sistema de ordem superior, obedece por vezes a regras que não podem ser deduzidas de sua própria análise. Isso significa que cada nível de organização deve ser considerado por referência àqueles que lhe estão justapostos. . ."

Neste ponto, uma nova questão se esboça: qual é a natureza da direção tomada pela evolução? "O que talvez caracterize mais de perto a evolução é a tendência para a flexibilização na execução do programa genético, é a sua 'abertura' num sentido que permite ao organismo aumentar sempre mais suas relações com o seu meio e ampliar assim o seu raio de ação."

UM DEBATE DESLOCADO

Ao descobrir-se, com o código genético, a unicidade fundamental do vivente, perdeu-se de vista — alguns perderam de vista — que a expressão histórica dessa unicidade era, em primeiro lugar, uma fantástica diversidade na escala superior das integrações: a dos organismos.

De fato, o determinismo genético só é conhecido hoje por alguns caracteres morfológicos ou fisiológicos, e o determinismo de níveis mais integrados está inteiramente por descobrir. Entretanto, sabe-se hoje que a um único genótipo correspondem vários fenótipos possíveis em cada espécie, pelo menos nas espécies em que o processo não é dirigido por uma passagem estreita: por rarefação do número de genitores ou, *a fortiori*, por uma manobra de clonagem. Assim é que, se as reproduções "artificiais" possíveis de hoje devessem recorrer a um número restrito de doadores de esperma ou de oócitos, estando os capitais genéticos "postos no mercado" limitados a alguns, os produtos herdeiros acumulariam os "traços" genéticos desses raros doadores. É um dos riscos mecânicos dos progressos atuais, e o mais grave seria, evidentemente, o da clonagem, mediante a qual, a partir de um único capital genético, se conseguiria reproduzir um indivíduo semelhante, em todos os pontos, a seu ascendente único. Assinale-se que ainda não chegamos lá.

Na realidade, o desenvolvimento individual de um organismo não pode resumir-se a um único evento, mas consiste numa série de eventos situados em seqüências, em que cada um e cada uma são os efeitos dos precedentes e uma das causas dos seguintes: daí os múltiplos desvios possíveis. Um gene só opera integrado num organismo — um gene isolado num tubo de ensaio não tem nenhuma eficácia, nenhum efeito; portanto, só tem realidade em relação a esse organismo — primeira razão das variações; mas também em relação ao meio em que vive esse organismo — segunda razão das variações. Para dar um exemplo simples: a *drosófila*, a mosca-da-fruta, possui um gene que codifica para a asa; ora, algumas dessas moscas possuem o chamado gene "selvagem", completo, e têm asas, enquanto outras têm o gene vestigial e, nesse caso, possuem apenas rudimentos de asas. Mas, na verdade, os eventos não respondem a essa lógica, pelo menos nem sempre: por exemplo, o gene "selvagem" modifica a bioquímica do processo de desenvolvimento de todo o organismo, interatua com as bioquímicas vizinhas de outros genes da drosófila, forma-se em seqüência com eles e com elas, e essas modificações vão, em última instância, provocar o aparecimento seja de asas normais, seja de cotos de asas, pois outros genes, situados em outros cromossomos, têm efeitos semelhantes. E eis o efeito imprevisto, de causa interna ao organismo. Mas, por outro lado, uma simples mudança de temperatura do meio ambiente das drosófilas, por exemplo, tem por resultado que um gene vestigial é capaz de acarretar a formação de asas normais. Eis o efeito imprevisto, agora de causa externa.

Portanto, não se pode sequer dizer que existe uma importância relativa da hereditariedade e do meio: a complexidade é total desde a origem. Desde que o gene está situado numa estrutura que lhe confere sentido.

Um comportamento humano que não está, evidentemente, sob a dependência de um único gene, mas de vários — o que torna o problema ainda mais aleatório —, é sempre, portanto, uma realidade relativa ao organismo inteiro, situado em condições de meio determinadas.

Essa situação de fato acarreta duas conseqüências muito importantes:

— A primeira diz respeito ao debate sempre renascente entre o inato e o adquirido — em outras palavras, entre o preformismo (inato) e a epigênese (adquirido). O debate está doravante deslocado e trata-se de saber, preponderantemente, o que se passa entre a informação inicial e a realidade final. Essa compreensão é tarefa da biologia do desenvolvimento, a qual deve captar e analisar eventos freqüentemente fugazes e situá-los, do ponto de vista de sua necessidade, numa continuidade de construção de um organismo.

— A segunda conseqüência envolve o processo da ciência européia desde Galileu e de seu método, o qual só admite em seu seio fenômenos a que esteja vinculada uma objetividade suficiente para que possam ser reproduzidos à vontade, e por isso relega para a esfera das realidades menores ou secundárias tudo o que escapa à objetividade; o comportamento do homem, por exemplo, mas também tudo o que no homem é do domínio do subjetivo, ou seja, a cultura, as obras de arte e a moral. Apoiando-se no comportamento humano, os adeptos do todo biológico têm por necessidade imperiosa submetê-lo à leis da objetividade — ou renunciar às suas pretensões.

UM PASSO A MAIS: A SOCIOBIOLOGIA

Essa tentativa é a dos sociobiólogos.

Se se diz que todo indivíduo é inteiramente determinado em seu comportamento por seus genes, já se acabou de ver que tal determinação é bastante imprecisa: é aleatória na composição e nos encaminhamentos das formas seqüenciais que ela adota no organismo, em função da organização desse organismo; mas também está sujeita a modificações sob a influência do meio circundante que é o do organismo em diversos momentos; meio circundante que é ele próprio modificado pela presença e pela ação do mesmo organismo que ele rodeia.

Mas o indivíduo em questão tem, por outro lado, uma dimensão social: ele faz parte de um conjunto de indivíduos da mesma espécie, com os quais interfere, que modifica, portanto, na medida em que ele próprio se modifica através das relações que mantém com eles.

Se existe reducionismo, ou seja, se o indivíduo vê seus comportamentos regulados tal como o é o funcionamento de uma célula — e há, de fato, reducionismo —, um passo a mais é franqueado quando essa metáfora se estende do indivíduo às populações de indivíduos, às sociedades. Foi esse passo adicional que foi franqueado há uma dezena de anos pelos sociobiólogos numa série de publicações, entre as quais dois livros se destacam: o primeiro, de Edward O. Wilson, institula-se *Sociobiology: The New Synthesis*, e o título sublinha bem seu imperialismo totalizante; o segundo é de Richard Dawkins, *Le Gène égoïste*.

Escreve E. O. Wilson: "Um dos objetivos da sociobiologia consiste em reformular os fundamentos das ciências sociais de maneira tal que matérias possam entrar na moderna síntese neodarwiniana."

Para tanto, os sociobiólogos procedem — sistematicamente — em duas etapas. A primeira efetua o levantamento das características consideradas universais das sociedades humanas. A segunda pretende demonstrar que essas características são codificadas pelo patrimônio genético, ele próprio determinado pela seleção natural dos mais aptos.

A escolha das características permanentes e universais das sociedades humanas resulta de uma abordagem cujo método é tão pouco explicitado que, à primeira vista, permanece secreto. Assim, vamos encontrar entre elas a agressividade, a territorialidade — no sentido de uma propensão das sociedades humanas para conquistar territórios —, o egoísmo, o espírito de iniciativa, a guerra, a xenofobia... Poderíamos ver aí um retrato-robô da sociedade norte-americana destes últimos anos, com um forte componente individualista, com uma certa coloração de liberalismo ideológico que contrabalança na Europa as ideologias socializantes. Quando uma dessas características é analisada mais de perto, não se pode dizer que ela se mostra mais esclarecedora para a concepção geral da sociobiologia. Que se julgue isso a partir do que escreve E. O. Wilson a propósito da "competição": "Os membros das sociedades humanas cooperam algumas vezes estreitamente, à maneira dos insetos; mas é mais freqüente entrarem em competição para usufruir os recursos limitados de seu setor de atividade. Os mais empreendedores e que têm um melhor desempenho recebem geralmente uma parte desproporcionada dos rendimentos, ao passo que aqueles cujo desempenho é inferior são relegados para as situações menos vantajosas."

De que modo esses comportamentos são geneticamente programados? Para os sociobiólogos, ora eles dependem de um único gene, e a causa é entendida; ora vários genes estão em causa num comportamento que parece depender simultaneamente da genética e do meio ambiente, e nesse caso a dependência genética é do domínio da "tendência" ou da "predisposição"; ora, enfim, um comportamento de finalidade inexplicável, como a homossexualidade, explica-se por "uma penetrância incompleta e uma expressividade variável" de um ou de vários genes.

Essa seqüência de afirmações confere, em primeiro lugar, pouco valor ao fato de ainda não ter sido feita até agora a demonstração de que um único gene esteja na origem de um comportamento e de que, provavelmente, essa figura biológica de funcionamento não existe. Quanto a explicar a intrusão do *entourage* na demonstração deles, os sociobiólogos estão compelidos a admitir — desta vez com base em critérios amplamente extracientíficos — a existência de "sociedades que contêm altas freqüências de genes de conformidade social", ou ainda que os seres humanos, em geral, estão "fortemente predispostos a responder às ameaças exteriores com um ódio inútil" ou ainda que "somos propensos a repartir o mundo entre amigos e estranhos", porque os nossos cérebros estão programados em vista dessa divisão...

Quanto a saber como, sendo os indivíduos geneticamente programados, as sociedades também o são, por sua vez: é porque elas representam a soma das interações dos indivíduos que as compõem. Portanto, não existe independência do fato social: nenhuma remanência, como dizem os sociólogos.

Para dar um exemplo dessa concepção que estabelece uma concordância simples e direta entre indivíduo e sociedade, à agressividade de homem a homem corresponde a guerra das sociedades. A guerra é uma simples relação de indivíduos agressivos com indivíduos agressivos; uma espécie de rajada biológica de violência que impele num momento dado os homens de uma nação dada contra os de uma outra nação. E caso se verifique que um indivíduo arrastado para essa guerra não sente tal impulso agressivo, é porque se trata — aos olhos dos sociobiólogos — de um desviante ou de um decadente. Um sociobiólogo não pode admitir que, numa guerra, um soldado obedeça mais ao Estado do que o homem a seus genes de agressividade.

A SELEÇÃO DE PARENTESCO

Os sociobiólogos encontram no que chamam "a seleção de parentesco" a prova decisiva de que a sociedade é, de fato, inteiramente determinada pela genética dos indivíduos que a compõem. "A ramificação e o grau de elaboração formal do parentesco de que dão prova a quase totalidade das sociedades humanas constituem outros tantos traços biológicos sem equivalentes em outras espécies além da nossa." Essa declaração de E. O. Wilson é tanto mais interessante porquanto hoje todos os sociólogos e historiadores estão de acordo com ele em pensar que, com efeito, o fenômeno do parentesco é específico do humano. Portanto, saber se esse fenômeno está sob a dependência ou não da genética dos indivíduos é decisivo para a teoria sociobiológica. Trata-se de um fato biológico ou de um fato cultural? Sim, respondem os sociobiólogos, o fato é biológico porque inteiramente construído sobre a vantagem reprodutiva que o indivíduo procura obter, determinado que está a fazê-lo por seus genes e pela lei de seleção dos mais aptos.

Essa posição depara, desde o início, com um obstáculo de natureza lógica: se a seleção darwiniana tende, com efeito, a selecionar a vantagem reprodutiva de um indivíduo dado, ela o faz contra os outros indivíduos e não se preocupa com as conseqüências para a sociedade em geral dessa seleção para a conquista de uma vantagem. Foi para responder a essa objeção lógica que os sociobiólogos postularam a teoria da seleção de parentesco. Um indivíduo, dizem eles, reparte uma parte de seus genes com seus parentes: ascendentes, descendentes e colaterais. Se o indivíduo X, para salvar a vida de seus parentes, opõe-se a um agressor e encontra a morte nesse combate vitorioso que os poupa, pode-se considerar esse sacrifício "geneticamente positivo". Ainda mais: esse sacrifício pode, em certos casos, apresentar-se como uma boa "seleção de parentesco". Se, por exemplo, um indivíduo ao perder a vida num combate poupa, com sua morte, a vida de dois de seus irmãos, a partida é geneticamente nula, e se ele poupa, ao fazer isso, a vida de três de seus irmãos a partida é geneticamente lucrativa, pois cada um de seus irmãos reparte com ele a metade de seu capital genético.

E assim é que a postura aparentemente altruísta, solidária, teria dito o segundo Darwin, de um indivíduo converte-se numa postura egoísta dos genes. Tudo entra na ordem de um egoísmo sagrado, pois a quantidade de ADN é, em última instância, aumentada e isso é o que realmente conta. Pois é o ADN que se reproduz utilizando para seus próprios fins o indivíduo e também os grupos de indivíduos formados em parentesco.

Pode causar surpresa esse "cálculo intuitivo de parentesco" que se considera ser espontaneamente, mecanicamente, realizado pelo indivíduo, mas E. O. Wilson não se espanta com isso.

SER BIOLÓGICO E SER SOCIAL

É estranho ver como a objetividade científica se desfaz, por vezes, diante das pulsões incontroladas da subjetividade!

O azar quer que, para infortúnio dos sociobiólogos, o interesse constante manifestado pelas sociedades humanas por seus diversos sistemas de parentesco — e, portanto, pelos produtos de sua reprodução — não reflita absolutamente nos fatos a teoria sociobiológica.

Na grande maioria das sociedades, a genealogia é quase sempre evocada para explicar o parentesco, mas segundo uma ordem que se refere a teorias sempre diferentes da hereditariedade.

Num resumo do "conjunto do trabalho etnológico até o dia de hoje" sobre os sistemas de parentesco consangüínio e os conceitos de hereditariedade nas sociedades humanas, Marshall Sahlins assinala que "as concepções humanas de parentesco podem afastar-se a tal ponto da biologia que excluam da categoria de 'parentesco próximo' todas as relações genealógicas de um indivíduo, excetuando-se uma única e escassa fração, ao passo que incluirão nessa categoria, como participando do mesmo sangue, pessoas aparentadas de maneira muito longínqua, ou até mesmo sem parentesco absolutamente nenhum". No número desses não-aparentados — em termos genéticos — encontramos eventualmente os próprios filhos — em termos culturais — do interessado. E Marshall Sahlins escreve mais adiante: "Como são as relações de parentesco constituídas no plano cultural as que presidem aos processos efetivos de cooperação na produção, de propriedade, de entreajuda e de intercâmbio matrimonial, os sistemas que ordenam a vantagem reprodutiva no homem não dependem, em absoluto, de um modo de cálculo previsto pela seleção de parentesco nem — conseqüência lógica — por uma seleção natural que responda aos cânones do egoísmo. [. . .] Nas ordens culturais dos homens", conclui ele, "não existe reprodução de seres humanos enquanto seres humanos, mas, antes, do sistema de grupos sociais, de categorias sociais, e de relações sociais, no seio do qual eles conduzem suas existências."

O INTERACIONISMO OU AS DUAS AUTONOMIAS

Se nem o determinismo pelos genes nem o determinismo pela educação são absolutos — aquilo em que concordam tanto os sociobiólogos quanto os skinnerianos mais imperiosos —, a tentação é forte de procurar um caminho intermédio em que todos os eventos da vida biológica e, portanto, os indivíduos, sejam resultantes de uma certa proporção de causas genéticas e de causas educacionais; essas duas ordens de causas responderiam pela totalidade da existência desses indivíduos e desses eventos.

Para simplificar, tratar-se-ia de duas porcentagens cuja soma seria igual a 100, e haveria no estabelecimento dessas respectivas porcentagens o resultado de uma interação.

Quanto a saber como essas interações funcionam, como um organismo dado, geneticamente programado, interage com um meio ambiente dado, o seu modelo explicativo é a norma de reação. Um genótipo em tal meio produz tal fenótipo, e em tal outro meio tal outro fenótipo. O fenômeno está descrito há muito tempo. Aliás, eis como, em 1937, no almanaque *Le Bon Jardinier*, Philippe-André de Vilmorin explica que o tempo necessário ao crescimento do trigo não dependia apenas da variedade, mas também do meio ambiente: "Eis uma novidade que, graças a cem artigos de jornais, excitou vivamente a curiosidade do público, e que, em última análise, nada realizou do que se prometia. Em Victoria, aldeia vizinha de Caracas, na Colômbia, o Sr. von Humboldt viu o trigo chegar à maturidade em 70 a 75 dias contados a partir do momento da sementeira. [...] Entretanto, um cientista inglês, o Dr. Hamilton, que se ocupa com fervoroso zelo da introdução de vegetais exóticos úteis, considerou muito importante a aquisição desse frumento tão precoce e, após algumas tentativas, conseguiu obter um pouco do mesmo. E, melhor do que isso, era certamente merecer os aplausos da ciência; mas o Dr. Hamilton estava persuadido de que esse desenvolvimento tão acelerado era uma qualidade inerente à espécie, que tanto aqui como em Caracas o trigo amadureceria em 70 dias [...] que se obteriam duas colheitas por ano, talvez três [...]. Ora, o mínimo de sua duração foi de 110 dias. O que bastou para mostrar que, sob a relação da precocidade e da duração de seu desenvolvimento, o frumento de Victoria não passava do equivalente dos trigos de março na Europa!" [1]

Isso significa, portanto, que tal genótipo de trigo ou de milho pode crescer melhor numa temperatura elevada e menos bem em baixa temperatura, mas que as interações em causa entre o genótipo e as temperaturas são imprevisíveis: no máximo, elas podem ser observadas e selecionadas levando-se em conta essas observações. Mas cumpre acrescentar que o que vale para o trigo ou o milho quanto a essas seleções não vale — ainda não vale — para o homem.

Como escreveram R. C. Lewontin, S. Rose e L. J. Kamin em *Nous ne sommes pas programmés*: "Ninguém jamais mediu a norma de reação de qualquer genótipo humano, seja qual for, porque para isso seria necessário replicar esse genótipo em vários ovos fecunda-

---

1 Citado or J. Grall e B. R. Lévy, *La guerre des semences*, Fayard, 1985.

dos e colocar os bebês obtidos — todos geneticamente idênticos — em meios que tivessem sido deliberadamente escolhidos diferentes."

Para os "interacionistas" existem, portanto, duas entidades autônomas, o organismo e o meio ambiente, o que pressupõe a existência de um desenvolvimento seqüencial de um organismo dado, um desenvolvimento a partir de um piparote original das virtualidades preexistentes nesse organismo, encontrando algumas dessas virtualidades um meio ambiente favorável que lhes permite desabrochar, enquanto outras não o encontram e acabam estiolando. É isso o que propõe o modelo explicativo darwiniano de "tentativas e erros".

A INTERPENETRAÇÃO OU O DETERMINISMO DIALÉTICO

Os autores já citados acima, Lewontin, Rose e Kamin, grandes adversários da sociobiologia, propõem, por sua vez, ainda um outro casamento do meio ambiente e da genética: sua interpenetração dialética. Para tanto, procedem em duas etapas:

Em primeiro lugar, distinguem no meio ambiente "um mundo exterior não-estruturado de forças físicas" e "o ambiente", ou seja, o *entourage*, a vizinhança mais imediata de um organismo dado, a qual — e esse é o aspecto essencial da postura desses autores — "é definida pelo próprio organismo". Para eles, os organismos não se contentam, portanto, em adaptar-se a um ambiente estranho e autônomo, mas "criam, destroem, modificam, transformam, intervêm nos aspectos do mundo exterior por suas próprias atividades vitais criadoras de meio ambiente". Em suma, não existe organismo sem meio ambiente nem meio ambiente sem organismo. Nada é fechado: nada é autônomo. Depois, os citados autores descrevem certas modalidades das interações entre organismos e meio ambiente:

— Os organismos constroem seu meio ambiente a partir de diferentes partes do mundo. O cascalho que serve para a construção de um ninho de andorinhas faz parte do meio ambiente da andorinha, mas não faz parte do meio ambiente de um pica-pau-dourado, "que vive no oco de uma faia morta" mesmo que o cascalho esteja ao pé da árvore.

— Os organismos transformam seu meio ambiente. "Uma parte importante da história da Nova Inglaterra é conseqüência da ação dos castores, que tinham elevado ou abaixado o nível das águas."

— Os organismos convertem a natureza das mensagens que recebem do meio ambiente; assim, no interior do organismo humano, os órgãos do corpo experimentam variações da temperatura exterior como "uma mudança de concentração de certos hormônios e do açúcar no sangue". Tendo assim estabelecido que existe um "co-desenvolvimento" dialético do meio ambiente e do organismo "em situação de respostas recíprocas", eles explicam como se opera "a escolha" do que constitui o ambiente de um organismo dado, e difere do que continuará sendo para esse organismo do domínio do mundo exterior — não-estruturado. Assim, a gravitação universal não é determinante no sentido em que ela não é pertinente para todos os organismos: certos microrganismos marinhos, minúsculos, estão "fora da gravidade"; e os homens, em contrapartida, escapam ao movimento browniano a que esses microrganismos obedecem. Aqui, a "escolha" diferencial é o tamanho dos organismos considerados e, provavelmente, ainda muitos outros fatores, que a operam. O tamanho constitui neste caso um ponto de discriminação.

Em outros termos — que já não são os dos autores acima citados, mas os nossos — a existência de fenômenos físicos universais não é posta em causa, mas eles têm ou não têm efeitos sobre um organismo segundo este possua ou não possua, em sua natureza, tal ou qual característica.

É óbvio que essa mudança dialética opera exemplarmente sobre o psiquismo humano. É evidente que o nosso comportamento é uma forma de reação à nossa própria interpretação da realidade, seja qual for essa realidade — sendo essa mesma interpretação a conseqüência simultânea, num momento dado, das experiências do passado e da disposição das condições biológicas interiores.

A segunda etapa estabelece que a existência de níveis diferentes de organização não são, em geral, as causas ou conseqüências recíprocas em que haveria um primeiro e um último, um alto e um baixo, um central a um periférico, mas em que o conjunto do organismo os integra. O que significa que cada nível de organização pode ser descrito numa linguagem própria: atômica, molecular, celular, existencial, etc. mas que não existe hierarquia que faça com que o que se passa ao nível atômico preceda ou seja a fonte do que se passa no nível molecular, e assim sucessivamente: os níveis interatuam. Assim é que o salto de uma rã pode ser explicado mediante uma descrição de fibras em ação, ou mesmo das proteínas dessas fibras, mas também pelo objetivo que a rã persegue quando salta

— pelo medo suscitado por um perigo, por exemplo. Portanto, não há isto ou aquilo; há descrições diferentes que, uma vez todas elas feitas, permitem uma compreensão integrada do fenômeno, do evento global.

"SOBRE A MORTE DO HOMEM"

O que a interpenetração supõe de maneira imperativa é o aleatório. A combinação renovada nas fronteiras das potencialidades de um organismo agrupador — como o homem — e de seu meio imediato já amoldado por ele é imprevisível, mesmo que seja preciso imaginar-se uma organização que seria a manifestação suprema: Deus como explicação invisível e suprema. E é neste ponto que se gera a vertigem: o medo da mutação, essa mutação assim definida por Gilles Deleuze: "A mutação consiste nisto: as forças do homem entram em relação com as novas forças do exterior que são forças de finitude. Essas forças são a Vida, o Trabalho, e é a Linguagem. . ." E, mais precisamente, o mesmo Deleuze, explicitando o pensamento de Michel Foucault, escreve esta passagem perturbadora para o nosso propósito: "O princípio geral de Foucault é: toda e qualquer forma é um composto de relações de forças. Sendo essas forças dadas, perguntar-se-á, portanto, em primeiro lugar, com que forças do exterior elas se relacionam, em seguida, que forma decorre disso. Digamos que são as forças no homem: forças de imaginar, de se lembrar, de conceber, de querer. . . Objetar-se-á que tais forças já pressupõem o homem; mas isso não é verdade, como forma. As forças no homem supõem somente *lugares, pontos de aplicação, uma região do existente.*" E mais adiante: "Já se pode prever que as forças *no* homem não entram necessariamente na composição de uma forma-homem, mas podem investir-se de outro modo, num outro composto, numa outra forma: considerando mesmo um período curto, o homem não existiu sempre e não existirá sempre. Para que a forma-homem surja ou se desenhe, é necessário que as forças no homem entrem em relação com forças especiais do exterior."

A Vida, o Trabalho, a Linguagem: dessas três formas de finitude, neste livro, é a primeira que nos ocupa; ela é que é capaz de reencontrar "lugares, esses pontos de aplicação, uma região do existente..." que estão hoje na forma-homem, mas que podem amanhã animar outras formas e gerar assim mutantes do homem. Mais homem ou menos homem, eis toda a questão.

SE A VERTIGEM NOS ASSALTA

Se a vertigem nos assalta a respeito de genes e de possíveis intervenções nesse núcleo de vida, talvez esses genes sejam largamente metafóricos. Talvez os temores e, por vezes, o recuo que se originam nas proximidades dessas intervenções nada mais sejam do que a descoberta súbita de que já o nosso espírito sofreu uma mutação, de que ele arrasta em sua esteira todo o nosso organismo e de que as intervenções foram assim possibilitadas.

A grande mutação ter-se-ia então produzido num longo processo que atualmente se acelera e, assim agindo, se revela. Aos olhos de alguns, essa mutação teria começado com o próprio nascimento da ciência moderna, com Galileu. Seria o princípio de objetividade que a move e que a domina, com seu correlato obrigado que é a redução, o isolamento ou a colocação entre parênteses, a desvalorização de tudo o que não é objetivável e reproduzível, que teria segregado o homem que somos, um homem fora do homem. Um homem que teria desprezado e relegado sua subjetividade, que só lhe recorreria com vergonha, em sigilo e para utilizações subalternas, como o alimento ou o amor. Que somente confessaria de si para si o que é apresentável e representável, o que é comum e comestível, correto e frio, que já não é o sujeito de nada, mas o objeto dócil de cálculos e medições. Um homem sem cultura, sem moral e amanhã sem as obras únicas da arte. Aos olhos daqueles, uma intervenção nos genes seria, provavelmente, coisa de somenos: um pequeno empurrão mais no declive para a barbárie que eles reconhecem já estar instalada por toda parte. Esse empurrão não seria, entretanto, num desses lugares em que a chance vacila sobre uma forma de homem que ainda não discernimos?

Capítulo 2

O peso do contexto

Não se pode fazer neste livro o inventário do que constitui o contexto da procriática: nem para isso seriam suficientes vários outros livros. Tampouco se pode, entretanto, se se trata de desenhar os rostos possíveis do nosso futuro, silenciar sobre os elementos da paisagem que, em nosso meio ambiente, correm o risco de ter uma influência preponderante sobre os acontecimentos em curso; aqueles que estão na origem da nossa passividade, da nossa indiferença e da nossa falta de espírito crítico: o uso de psicotrópicos e a submersão pela informação televisada. Ameaçam acelerar uma aceitação não-discriminatória das técnicas que nos serão oferecidas, ampliar a distensão delas sem que sejam avaliadas as implicações nem as conseqüências dessas investidas, sem que se tome consciência de sua significação.

A vertigem do filho perfeito, nascido da conjunção dos métodos de reprodução assistida e das intervenções nos genes, é vizinha da análise biológica do funcionamento do cérebro: desse lugar onde neurônios e sinapses, por neuromediadores interpostos, regulam a atividade singular de cada indivíduo. Essas duas eminentes vias de descoberta da biologia moderna não se expõem com toda a liberdade em nosso mundo: em muitos aspectos, elas apresentam-se como aquelas formas simbólicas através das quais os homens tentaram, desde sempre, compreender seu destino, mas que, por vezes, incontroladas e diabólicas, lhes escapam e os dominam.

Nos capítulos precedentes, expusemos o que são os progressos das técnicas de reprodução e dos conhecimentos da genética. Faremos aqui apenas uma breve alusão às neurociências antes de considerar o lugar e o momento onde estamos em seu aspecto mais espetacular, mas também o mais determinante, o da comunicação.

UMA VIDA NO MÍNIMO

Os psicotrópicos chegam-nos do mundo da loucura. Até o seu advento, só conhecíamos na Europa, para nos acalmar, as tisanas e os chás de ervas, e, para nos excitar, o álcool, o fumo e o café. Foi para reanimar a apatia dos catatônicos que, durante dias a fio, permaneciam crispados em seu próprio estupor; foi para apaziguar o furor dos maníacos e dos possessos que era preciso amarrar e prender às suas camas; foi para permitir-lhes sair da clausura onde eram retidos e devolvê-los às suas famílias e, por vezes, à sociedade que, no decorrer da década de 50, o acaso e as pesquisas, principalmente na França e na Suíça, levaram no espaço de alguns anos à utilização de drogas capazes de moderar os excessos do humor e os desvios do espírito.

Utilizados no início com fins exclusivamente psiquiátricos, esses medicamentos invadiriam em alguns anos a vida cotidiana de indivíduos que jamais haviam tido de sofrer os rigores do manicômio. Pouco a pouco, pondo em prática o adágio que diz que "quem pode mais pode menos", aquilo que tinha servido de "camisa-de-força química" foi posto a serviço das ansiedades, temores e apreensões banais da vida de todos os dias. E, da mesma forma, o que se destinava a incutir um pouco de interesse pelo mundo naqueles que se enterravam na imobilidade e no silêncio passou a servir de excitante para o desinteressado, o indiferente, o distraído.

O nervosismo de um discurso público para um orador ou de um exame para um estudante, a timidez no limiar do instante decisivo para um amoroso, eis as experiências que já não nos atrevemos a enfrentar hoje sem a muleta de um psicotrópico. E, como a ansiedade que se acumula no decorrer do dia culmina quando chega a noite; e, como o medo de enfrentar o mundo com tão frágeis forças pessoais nasce com o dia no momento do despertar, adquirimos o hábito, por uma espécie de ritual, uns de consumir ansiolíticos, outros, antidepressivos. Chegou-se a um tal ponto que hoje, na França, um indivíduo em cada quatro engole de forma habitual, rotineira, psicotrópicos: sem esperar mais que ameace produzir-se a pequena apreensão ou o ligeiro atraso na chegada do sono, é de maneira preventiva que recorremos a essas muletas do humor. Assim, aprendemos a manter-nos a uma boa distância de nós mesmos, a acolchoar-nos contra os afrontamentos exteriores, mas também contra as emoções íntimas. Recuamos diante da emoção forte, pura; só a aceitamos esbatida, embotada, enfraquecida, esmerilada e como que mantida a uma certa distância da nossa sensibilidade por esse amortecedor garantido: o psicotrópico. Esse abandono das nossas reações a auxiliares que nos servem e freqüentemente nos dominam já não é mais questão de certos momentos difíceis que é importante superar, mas de nossa vida inteira.

Os defensores dessas drogas da vida cotidiana insistem em proclamar que os seus efeitos secundários, como se lhes chama, isto é, os seus efeitos indesejáveis e nefastos para a saúde, são irrisórios — logo, desprezíveis. Não levam absolutamente em conta, de fato, essa espécie de distanciamento do mundo e do eu onde os grandes mediadores que são os medicamentos do espírito contribuem doravante para nos isolar. Com efeito, só se interessa por eles a nova classe dos grandes empresários. Ela encontra na manipulação adequada desses psicofármacos uma possibilidade de obter aqui a calma um tanto impávida necessária aos trabalhos de execução e ali, pelo contrário, graças aos estimulantes do espírito, a excitação apropriada para a imaginação, para a "criatividade", como eles dizem, nos setores em que a invenção continua sendo o motor da produtividade.

OS QUATRO QUARTOS DA AVENTURA HUMANA

A partir de 1950, o conhecimento dos mecanismos físicos e químicos do sistema nervoso central e do cérebro progrediu muito mais do que as ciências e técnicas da reprodução. Para além dos medicamentos do humor, temos as intervenções nos comportamentos que hoje estão na ordem do dia, seja pelo bisturi, seja pela química — quando não se trata de condicionamento psicológico conduzido conjuntamente pela palavra e pela coerção sobre indivíduos reduzidos através de medicamentos a um estado de mínima resistência: de aceitação e de acolhimento. Desde os processos de Moscou até as lobotomias, este século é rico em invenções e técnicas de condicionamento. Também neste caso trata-se, num primeiro tempo, de medicina e, por conseguinte, de alívio dos sofrimentos. As pesquisas sobre os caminhos da dor culminaram, indubitavelmente, numa melhoria dos produtos antálgicos, os quais tornaram suportáveis sofrimentos que de outro modo seriam atrozes. Mas semelhantes anestesias dos condutos nervosos do comportamento desembocaram, em certos países, na castração química de categorias de delinqüentes sexuais. Aproximamo-nos hoje da possibilidade de enxertar células nervosas no homem e portanto, talvez, de rejuvenescer, de regenerar as capacidades do cérebro. Tenta-se, da mesma forma, influenciar tal ou qual capacidade, tal ou qual comportamento... Não há dúvida que, uma vez possibilitado o acesso às conduções que regulam uma atitude ou um comportamento, torna-se mais provável que seja tentada a grande aventura de influenciar a marcha de um espírito. Não é evidentemente por acaso que os temas mais cativantes das histórias em quadrinhos ilustram hoje, para uso do público infantil, mas também de numerosos adultos, o poder ora temível ora salvador de super-homens robotizados. Os pesquisadores interessados nos diferentes domínios técnicos que suscitam a imaginação dos autores de histórias em quadrinhos só se referem geralmente com um sorriso a esses temores e a essas esperanças, inteiramente despropositados aos olhos deles. Talvez acreditem, com efeito, dispor de boas razões para continuar céticos em face de poderes que assim se atribuem a longo prazo às conseqüências de suas próprias disciplinas. Mas assim como os psicotrópicos tendem a dominar a nossa vida emocional, a utilização conjunta dos mecanismos da inteligência artificial e do condicionamento do cérebro através das técnicas da biofísica poderiam levar ao abandono do destino do indivíduo nas mãos de forças que não lhe seriam pessoais. Trata-se apenas de hipóteses e de projeções: as fronteiras entre a probabilidade científica e a ficção científica estão, nesse ponto, mal definidas. Mas o que, em contrapartida, é certo é que essa possibilidade é encarada com entusiasmo suficiente para suscitar a publicação de obras. Ela é pintada de modo romanesco, com temor ou deleite, mas pode-se aí discenir também o surgimento de uma espécie de *Volksgeist* adaptado à nossa época e encarnando-se, através das sombras das neurociências, em produções de super-homens, para o funcionamento dos quais concorrem a física e a biologia. Seres mistos, biônicos, de origem incerta e com certeza monstruosa: uma parte de eletricidade, uma parte de átomo, uma parte de carne e, residual, uma parte de afetividade ligada a um coração... Eis os quatro quartos da aventura humana que consumimos com o maior regozijo.

NAS FRONTEIRAS DO IMAGINÁRIO

Mas trata-se de criaturas imaginárias, dir-se-á. De fato, mas as fronteiras, hoje, entre o real e o fabuloso se confundem em muitos outros lugares além dos sonhos. Da mesma maneira que os psicotrópicos ampliam a distância entre nós e as coisas, entre nós e as nossas emoções; do mesmo modo que os condicionamentos do espírito e dos atos nos tornam estranhos às nossas próprias pulsões e à nossa individualidade, também os modernos meios de comunicação pelo uso das ondas e da televisão aproximam de nós o mais longínquo, até fazer dele um conviva do nosso círculo mais familiar; depois é distanciado, seja o que for, e subitamente rejeitado nas trevas exteriores. Assim, conhecemos apenas o próximo; já não há o longínquo e já não há a perspectiva. Mas o próximo é freqüentemente o longínquo que vem ocultar aquilo que, na realidade, está próximo. E como as informações assim lançadas à nossa cabeça são inúmeras, e sucedem-se umas às outras no primeiro plano sem que se possa — nem nós nem aqueles que as elaboram — dotá-las de uma hierarquia qualquer, e ainda menos ligá-las entre si por um sentido, essa massa viscosa evapora-se em outras tantas gotas de um perpétuo aguaceiro que nos deixa impregnados de umidade.

O desenvolvimento dos meios de comunicação que contribuíram, na segunda metade do século XIX, para salvar da fome as populações européias conheceu outros êxitos e, em primeiro lugar, o de aproximar uns dos outros homens que eram estranhos entre si. O velho sonho de uma humanidade reconciliada consigo mesma pelo efeito do reconhecimento do homem no estranho pôde-se num dado momento acreditar que estava prestes a converter-se em realidade. Se, com o filme, era possível tomar conhecimento de sofrimentos semelhantes aos nossos experimentados por homens do outro extremo do mundo, tratava-se ainda, como no caso do livro, de uma informação diferida. De certa maneira, era passado; havia uma história tratada por um autor, escritor ou cineasta, cuja sensibilidade, opiniões, caráter serviam de filtro. Podia-se não acreditar inteiramente na informação; portanto, podia-se escapar à semelhança, evitar sentir como próximo esse homem distante. Com a televisão, com a transmissão "ao vivo", já não há mais escapatória, crê-se. Crê-se, porque se sabe a que ponto uma mesma imagem pode, comentada de um outro modo, adquirir sentidos diferentes, até opostos. Sabe-se, mas isso, esse saber, não é visto, não é vivido. A pessoa deixa-se surpreender e, como no teatro muito mais do que no cinema, deixa-se empolgar pela mimese: ela é esse homem, ou essa mulher, ou até mesmo essa multidão. Dá-se a identificação. Nessa possível, fácil identificação repousava, portanto, o sonho de uma reconciliação. Mas isso era não contar com a multidão e a fugacidade: deixa de haver eventos quando estes se sucedem à razão de dez por quarto de hora, durante a transmissão do telejornal. O que se passa tão velozmente não ganha corpo, mesmo que sejam corpos martirizados o que nos é mostrado; nada consegue gravar-se tal como é em nossa memória, onde se confunde com as outras inconsistências que a precederam e se lhe seguem; conservamos apenas o vestígio jamais identificado de uma forma acinzentada que talvez nunca tivesse existido em parte alguma, a não ser no fundo do nosso olho.

Nasce, assim, um estado particular de indiferença: uma febre contínua, ligeira, que permite crer que ainda podemos nos inflamar, ainda podemos nos indignar, tomar partido, sem que nos seja necessário passar realmente ao ato para defender essa causa. E já a causa está superada, perdida; dissipa-se. Sonhou-se. Sonha-se. Fiquemos por aí mesmo, passivos. Sabemos perfeitamente que tudo é possível, e que todo possível tem lugar em alguma parte, num dado momento, e nos afetou, ou, vai nos afetar, depois afastar-se para longe. Como saber o que tem efeitos importantes? Haverá alguma coisa que tenha efeitos importantes? Mas subsiste, objetar-se-á, a realidade do próximo: a família, as condições econômicas de vida, o trabalho obrigado, a doença... Sim, aquilo que se é tentado a chamar a animalidade de cada um, isso subsiste, de fato. Isso se sofre. Isso se debate. Mas de que modo se encontrariam aí, como outrora, experiências e experiência? Que relações podem ser estabelecidas entre esse mundo arremessado ao nosso rosto, inumerável e selvagem, surpreendente, sangrento, insustentável, incompreensível, enfim — pois foi aí que levou a esperança de reconciliação — e o eu? O eu, esvaziado de tudo o que não é ele. Eu. Vazio, que vai tentar encher-se ainda com a passagem dessas imagens da informação e que, em última instância, não é mais do que uma passagem. Uma passagem para quê? Ah, se pelo menos nos interrogássemos... Estamos vivendo, reduzidos ao nosso corpo, uma época metafísica. É o que nos torna, parece-nos, tão curiosamente incapazes de qualquer pensamento moral.

Capítulo 3

O futuro de uma mutação

Queríamos controlar o mundo, penetrar os segredos de seu mecanismo, decifrar a sua significação, e eis que o próprio aperfeiçoamento das ciências que servem à nossa conquista, por um efeito perverso, confisca o nosso poder. Sentimo-nos impelidos para diante por uma mecânica que nos escapa. Perdemos a nossa capacidade de ordenar o universo, de dar um sentido à sua marcha. Vivemos um eclipse do pensamento do futuro. À força de nos deslumbrarem, as nossas ciências nos cegam. É essa cegueira, essa incapacidade de nos projetarmos no futuro, que torna tão impressionantes a nossos olhos os novos poderes da reprodução humana. Pois eles nos escapam em sua finalidade, produtos que são sem previsão por um sistema sobre o qual nem os indivíduos comuns nem os pesquisadores têm um domínio duradouro. Os mecanismos da mídia, através da ronda das informações, obscurecem e turvam a nossa paisagem, multiplicam os sentidos de cada avanço técnico, suprimem assim toda significação única e tornam improvável a direção em que somos precipitados sem escolha. Hoje, somos no máximo capazes de nos interrogar sobre as conseqüências de eventos que já se produziram: o anonimato da doação de esperma na França só tem vantagens; as doações de embriões vão, como já acontece nos Estados Unidos, transformar-se em comércio?. . . Mas antecipar por uma reflexão o que resultaria de um movimento ético em benefício daqueles que sobrevirão, disso somos inteiramente incapazes. Estamos ultrapassados. Descobrimo-nos sem autonomia moral; chegamos a este paradoxo: o controle da procriação humana, ao mesmo tempo que afirma, aparentemente, a preeminência da nossa vontade, apresenta-se marcado, no seio de uma sociedade, pela ausência de vontade própria dos indivíduos que a formam. As forças que são capazes de influenciar o desenvolvimento desse controle e de suas conseqüências são justamente aquelas que nos dominam e fazem de nós objetos de suas investigações e um material para seus projetos. A nossa modernidade emancipou-se de nós próprios e nos domina. Se se trata de medir o futuro do fenômeno — o nosso futuro incluído nesse fenômeno —, cumpre considerá-lo neste duplo aspecto: o seu progresso e o eclipse de nosso poder de previsão. São as forças que o movem — as ciências biológicas, mas também as técnicas da comunicação e da vigilância social — que devem ser levadas em conta se queremos medir a extensão do movimento em curso e a perenidade que pode ser a sua. Uma primeira questão é saber se essas forças são homogêneas. De sua coerência, com efeito, depende largamente o futuro delas. Os progressos que tentamos descrever neste livro — 50 milhões de mulheres tomam diariamente a pílula, também são numerosas as que se decidiram pela ligação das trompas, várias centenas de bancos de esperma congelado e ainda um maior número de centros de fecundação *in vitro* já existem em operação no mundo — estão sob a dependência estreita do contexto e devem ser considerados como símbolos de nossa modernidade?

Pelo contrário, poderiam subsistir independentemente do eclipse cultural em que se desenvolveram? Ou ainda, findando esse eclipse, esses progressos logo seriam abandonados? Ou, enfim, somente esses progressos serão capazes de nos fazer sair desse eclipse: o remédio, uma vez mais, como tantas vezes ao longo da história dos povos europeus, está no mal? Em outros termos, uma sociedade cada vez mais dominada por suas estruturas objetivas pode gerar indivíduos novos, capazes de controlar o mundo de objetos humanos que ela criou?

ANTICONCEPÇÕES E PROCRIAÇÕES NOVAS

As mutações por que as ciências da reprodução estão passando associam as procriações novas e os métodos anticoncepcionais: umas e outras são o resultado de uma mesma vontade de controle e foi num único impulso que os investigadores descobriram a pílula e, simultaneamente, fecundaram os gametas em laboratório. Cem anos após a primeira inseminação artificial, 40 anos após a primeira pílula, dez anos após o primeiro bebê de proveta, esse impulso estará irresistivelmente estabelecido ou estará ainda por consolidar? Em outras palavras, a progressão das ciências objetivas postas ao serviço da biologia da reprodução, apesar dos eventuais percalços, de suas retenções momentâneas, manterá sua investida? Ou as reações, quer afetem ou não o domínio do sagrado, irão frear, até mesmo deter, essa arremetida para diante?

O que já sabemos, à luz de eventos recentes, é que a evolução da biologia da reprodução e de suas técnicas não é, não será linear.

Em Bucareste, em 1974, reuniu-se uma conferência internacional sobre a população que, à escala dos governos, tomou a decisão de promover uma política de planejamento familiar. No México, em 1984, uma nova conferência com o mesmo objetivo viu 147 governos declararem unanimemente que apoiavam os programas de limitação de nascimentos, visando ajudar os indivíduos a controlar sua fecundidade. Entre 1974 e 1984, nada menos de 11 países fizeram figurar em suas constituições textos favoráveis ao planejamento dos nascimentos e ao direito dos indivíduos a terem-lhe acesso assegurado; e 50 países em via de desenvolvimento tomaram medidas em conformidade com as recomendações dessas duas conferências.

Entretanto, entre 1950 e 1980, a metade dos países da Ásia, África e América Latina duplicaram sua população. Entretanto, segundo uma estimativa, no ano 2000 quase todos os países desses continentes terão pelo menos três vezes mais habitantes que em 1950, ao passo que a população mundial terá passado de 2,5 bilhões para 6 bilhões de habitantes. Essa disparidade entre as intenções e os fatos dá uma medida da importância dos obstáculos — a resistência dos povos apegados às suas culturas ancestrais, a dos indivíduos que também julgam sua procriação como um bem próprio sobre o qual não pode prevalecer nenhuma vontade senão a deles — com que se defronta a vontade de controlar a reprodução ao nível das nações.

Que obstáculos, que resistências? Quando do congresso no México, o governo dos Estados Unidos, sendo presidente Ronald Reagan, anunciaria que os programas norte-americanos de ajuda ao planejamento familiar em países subdesenvolvidos — ajuda decisiva — não financiaria mais nenhum serviço que incluísse em seu programa de ajuda a interrupção voluntária da gravidez. A decisão, de caráter político, era influenciada por considerações morais... do governo e, talvez, da população americana; mas essa decisão aplicava-se a

39% da população mundial, não americana, vivendo em países onde não existe nenhuma restrição legal à interrupção voluntária da gravidez durante o primeiro trimestre de gestação, países entre os quais encontramos tanto nações católicas como a França e a Itália, quanto um país muçulmano como a Tunísia ou países comunistas como a URSS ou a China, e aliás quase todas as nações européias.

Esse exemplo faria pensar que nem a religião nem a moral permitem por si sós frear o movimento de planejamento dos nascimentos, mas que uma moral encarnada num poder político pode consegui-lo — pelo menos quando essa "moral" envolve outros e não aqueles que dizem professá-la.

Mais um exemplo, igualmente americano, que nos leva a encontrar uma outra espécie de obstáculo. Nos Estados Unidos, onde os advogados muito poderosos apóiam suas ações numa lei aplicada de um modo deveras formal, numerosos processos judiciais são suscitados para fazer condenar médicos e companhias farmacêuticas para maior benefício dos pacientes... e dos citados advogados. Todo o prejuízo devidamente estabelecido vale uma substancial indenização. Entretanto, nesse país, os dispositivos intra-uterinos (DIU) não provocaram mais acidentes do que em qualquer outra parte do mundo, ou seja, muito poucos. Mas, se uma mulher provar que sofreu de uma salpingite quando era portadora de um DIU, pode obter uma reparação, quando todo médico sabe perfeitamente que um DIU não provoca a infecção, mas a acompanha e, eventualmente, agrava uma infecção contraída no decorrer de relações sexuais, infecção essa que, de qualquer modo, se declararia. Ora, os juízes americanos concederam indenizações financeiras tão importantes a centenas de postulantes bem aconselhadas que todos os DIUs, salvo um, estão hoje retirados do mercado americano. Os laboratórios estão pouco dispostos a se verem um dia condenados a desembolsar milhões de dólares por causa de um DIU vendido a dez dólares! Depois, o temor contaminou também os fabricantes de geléias espermicidas e certos fabricantes da pílula já hesitam em manter ativo esse setor de suas empresas. Assim, a mulher americana, desde sempre na vanguarda dos combates do feminismo e habitando o país tecnicamente mais avançado do mundo, perdeu sua completa "liberdade contraceptiva".

Desta vez, não se trata de moral, nem de poder político, mas da exploração de uma lei rígida pela habilidade processual de advogados astutos e inventivos, manobra habilmente recuperada pelo ressurgimento do rigorismo vitoriano nos Estados Unidos.

Mas há dois outros óbices cujo surgimento e desenvolvimento são ainda mais dificilmente previsíveis: a evolução da situação demográfica e o surgimento de novas patologias.

O MEDO DE UM SUICÍDIO COLETIVO

A mulher de Neanderthal, segundo estudos recentes, teria carregado seu filho no ventre durante 11 meses de gravidez. Esse filho do homem era, entretanto, desde então, um prematuro? Em todo caso, parece que o diâmetro da cabeça da criança era excessivamente grande, com freqüência, para permitir um parto fácil, o que teria acarretado uma mortalidade muito elevada tanto da mulher quanto do recém-nascido. A "decolagem" demográfica da espécie não teria sido isenta de grandes dificuldades. Mesmo que nos faltem dados de uma precisão satisfatória sobre as ordens de grandeza desse desenvolvimento, parece que a taxa de crescimento a longo prazo teria sido nula durante milênios. De fato, foram necessários 9.000 séculos para que a população humana dobrasse.

O quadro abaixo — extraído de Kingsley Davis [1] — indica as taxas médias de crescimento da população humana mundial por século:

Período	*% de crescimento por século*	*Números de séculos necessários para dobrar a taxa*
2.000.000 a 50.000 a.C.	0,0079	8.774
50.000 a 10.000 a.C.	0,4015	140
10.000 a 1 d.C.	4,1793	17
1 a 1750	5,6964	12
1750–1985	116,1868	0,6

As grandes inflexões da curva são devidas a dois fenômenos cronologicamente consecutivos: em primeiro lugar, os progressos da

1 *Bulletin of the Atomic Scientists*, abril de 1986, pp. 20–24.

agricultura e a dominação animal que fizeram de uma população de caçadores e coletores uma população de agricultores e criadores de gado. Durante esse período, a produção de alimento aumentou de maneira muito rápida, o que teve por dupla conseqüência uma menor mortalidade e uma maior fecundidade. Em seguida, a industrialização, que multiplicou as ofertas de bens e serviços ao mesmo tempo que melhorava a higiene e os cuidados com a saúde, o que acelerou a queda da mortalidade e melhorou, embora numa proporção menor, a fecundidade.

Grandes variações de amplitude da curva demográfica não podem hoje provir unicamente dos fatores diretos da mortalidade e fecundidade. Em outros termos, são os progressos científicos e técnicos capazes de influir na longevidade e na reprodução que se encontram diretamente ligados à demografia, sob reserva da aceitação desses progressos pelos indivíduos e pelas sociedades.

Ora, desde que os fatores diretos passaram a estar em ligação direta com a demografia, assiste-se, mais do que nunca, a desproporções demográficas enormes no mundo. Nos países europeus ou que sofrem sua influência, a renovação das gerações já não ocorre mais, e se o número de nascimentos continua superando o número de mortes é porque a mortalidade declina ainda mais rapidamente do que a fecundidade. Por toda parte, aliás, a população aumenta sem cessar, apesar das tentativas localizadas e esporádicas de planejamento. Se, conforme dissemos mais acima, é difícil incriminar com certeza a contracepção nessa diminuição da taxa de fecundidade nos países europeus e aparentados, é inegável que os dois fenômenos se produziram ao mesmo tempo. Aliás, é possível assinalar a concordância no tempo, a simultaneidade muito estreita, de um pico de natalidade em 1964 numa dezena de países europeus, seguido do início de uma queda. Os Estados Unidos e a Austrália tinham antecipado essa queda e a Austrália devia ser atingida um pouco mais tarde, em 1971.

Mais do que uma recusa do filho, trata-se de uma recusa de filhos; mas, se esse movimento se prolongasse por um longo período, significaria pelo menos uma recusa, por parte dos indivíduos, em assumir a responsabilidade pelo futuro da espécie. De Michel Debré a Pierre Chaunu, na França, são numerosos os que nos recordam que outras sociedades, outras civilizações, conheceram declínios demográficos semelhantes, como no caso da Grécia e de Roma — declínios que serviram de prelúdio à sua submissão pelos "bárbaros", sem que tenha havido necessidade de surgimento de uma cultura estrangeira, como foi o caso para os índios da América, alguns séculos mais tarde: de acordo com certas teorias, estes últimos, e especialmente os maias, teriam mergulhado num vasto suicídio coletivo quando se recusaram a fazer seus filhos nascerem num mundo que já não era o deles.

Uma ou outra dessas eventualidades nos ameaçará hoje, em virtude da nossa reduzida taxa de fecundidade? E essa mesma taxa reduzida de fecundidade seria a objetivação de um movimento inconsciente que nos conduziria por esse meio ao suicídio? Alguns assim pensam, como P. Cantrelle e B. Ferry, que escrevem que, "se a fecundidade pode revestir-se das aparências de um fenômeno natural, ela está submetida ao peso do inconsciente coletivo, e as sociedades esforçam-se, com efeito, por adaptar sistemas e métodos de regulação ao seu movimento natural". Portanto, poder-se-ia esperar da parte dos povos europeus um reflexo de defesa e, nesse caminho, uma condenação dos meios de regulação dos nascimentos. Não se trataria de uma postura racional: somos incapazes, com efeito, quer sejamos partidários ou adversários da contracepção, de estabelecer uma prospectiva demográfica correta: a evolução esperada no futuro nada mais é do que uma simples dedução linear dos fenômenos que sobrevieram num passado recente, fenômenos demasiado recentes na escala universal para que já possam ser apreendidos em suas conseqüências. Além disso, os demógrafos descrevem ciclos de dois a três decênios de duração, ciclo de alta ou de baixa da fecundidade aquém ou além do limiar de substituição das gerações. É cedo demais, portanto, para prever a amplitude do fenômeno em curso, mas isso não invalida o fato de que o mundo europeu se encontra diante de uma perspectiva de desaparecimento, enquanto o resto do mundo tem uma natalidade freqüentemente galopante. É certo que por esse lado os fatos também não são unívocos. Na Ásia, um certo número de países, a China, Hong Kong, a Índia, a Indonésia, Cingapura, a Coréia do Sul, Formosa e a Tailândia viram suas taxas brutas de natalidade baixarem de 25% a 60% aproximadamente, numa vintena de anos. Mas, na África e na América Latina, os países que obtiveram os mesmos resultados, como a Tunísia e o México, constituem a exceção.

Não se pode afastar a hipótese a curto prazo, nas coletividades européias, de uma reação irracional de medo em face da vertigem do vazio demográfico. O que poderia traduzir-se por uma condenação de toda atitude suscetível de dificultar a fecundidade natural. Nesse caso, poder-se-ia impedir por todos os meios a pesquisa e a difusão das técnicas de controle da reprodução humana. Pode-se imaginar que, em razão do perigo, os governos decretem que o direito à contracepção só poderá ser exercido a partir do terceiro filho; ou que a interrupção voluntária da gravidez volta a ser ilegal. Já se vê, em certas questões políticas, o liberalismo dos nossos governos ceder em face da razão de Estado; como não cederia diante de uma ameaça de esvaziamento da nação de sua substância humana? Não se diz com suficiente assiduidade que na China se exerce sobre os casais uma coerção vinculada à progressão social, mediante a instauração do casamento tardio ou ainda a separação geográfica dos cônjuges pelo trabalho. Ignora-se com freqüência que no Japão a contracepção continua interditada — pelo menos em teoria.

SODOMA E GOMORRA OU O MEDO DO CASTIGO

A multiplicação acelerada da informação, que impede toda a hierarquia e confunde as pistas da significação, retira também às nossas sociedades a clarividência que lhes permitiria imaginar o futuro. Somos precipitados no futuro antes de o termos podido entrever. Sem dúvida nenhuma, o medo do vazio demográfico — do vazio de homens — que domina o inconsciente de numerosos ocidentais deve muito a essa situação em que a brutalidade do fato precede a sua expectativa e, portanto, a sua previsão. Mais forte do que o medo do vazio — noção abstrata — é o medo reencontrado há pouco tempo da doença como castigo. Tínhamos perdido a memória dele e éramos propensos a sorrir quando líamos, pela pena de Ambroise Paré: "Existem duas causas para a sífilis: a primeira [. . .] pode ser atribuída à ira de Deus, o que permitiu que essa doença tombasse sobre o gênero humano para fazer regredir sua lascívia e desenfreada concupiscência, e a segunda é por ter feito companhia a um homem ou a uma mulher que tem a dita doença. . ." E eis que tão subitamente quanto surgiu em 1493, em Barcelona, a sífilis desembarcada, segundo se pretende, com os marinheiros de Colombo, em 1981, nos Estados Unidos, reencontramos com a AIDS todas as maldições da ira de Deus. Os grupos americanos conservadores exigem a segregação dos homossexuais e querem interditar o ingresso nas escolas das crianças contaminadas. E vemos assim erguer-se, graças à AIDS e às outras doenças sexualmente transmissíveis, contra a liberação dos costumes que tínhamos ingenuamente acreditado estar assegurada, a barreira das medidas sanitárias.

Ainda ontem, na Europa, o amor deixara de ser um pecado e as relações sexuais faziam parte da vida cotidiana de cada um. Hoje, submetem-se aos testes de detecção da AIDS os doadores de sangue, mas também, na Baviera, as prostitutas e os reclusos, e, na França, esses testes fazem doravante parte do exame pré-nupcial. Deter o avanço da epidemia é, evidentemente, o objetivo declarado dessas regulamentações que, tudo indica, vão ampliar-se (não se fala em submeter a esses testes os viajantes, quando de sua passagem nas fronteiras?); mas, a favor de medidas sanitárias, vemos desenhar-se novas interdições capazes, sem dúvida alguma, de voltar a questionar a liberdade sexual.

Os poderes públicos não são os únicos em causa; os grupos e os indivíduos reagem também a esse novo medo. Comunidades *gays* americanas difundem conselhos preventivos que induzem novas práticas eróticas e vê-se, na população em geral, desenvolver-se o retorno à utilização dos preservativos. Muitos indivíduos espaçam suas relações sexuais e limitam o número de parceiros. Alguns entrincheiram-se na abstinência: encontrarão alhures, sem dúvida, compensações para essa retirada, sem que se possa prejulgar em que domínios da vida do corpo ou do espírito.

Para além das conseqüências muito reais da nova epidemia de doenças sexualmente transmissíveis (não poderemos esquecer que etnias inteiras foram dizimadas, quando não radicadas, sob o efeito de vírus importados, como o, banal para nós, da gripe na Nova Guiné), sua persistência acarretaria modificações capitais da vida sexual e, por conseguinte, das relações sociais e dos contatos interindividuais. Entre essas modificações, os progressos no planejamento dos nascimentos ver-se-iam freados em sua extensão ou, pelo contrário, acelerados? O desenvolvimento da prática dos preservativos poderia levar a uma diminuição acentuada da fecundidade, enquanto o retorno a uma vida sexual com um único parceiro poderia favorecer a vida familiar "à moda antiga", com uma prole mais numerosa? Mas, sobretudo, o abandono do controle da concepção, caso ocorresse, conduziria a uma renúncia suicida da espécie a continuar-se ou encontraríamos, uma vez mais, os meios para sair desse impasse? E em direção a quê, desta vez?

AS FORÇAS EM PRESENÇA

Pode-se imaginar o futuro do fenômeno? Propagar-se-á no tempo e, a partir do seu epicentro europeu, englobará o conjunto da humanidade? Na própria Europa e nos Estados Unidos, um fator de considerável influência está sendo hoje, lamentavelmente, muito mal avaliado: é o estilo de vida desejado pelos indivíduos e pela sociedade civil. No seio de um conforto material ameaçado mas persistente, as flutuações das modas, rápidas e inesperadas, sucedem-se sobre um fundo cultural tão evanescente que pode passar por parasitário. Para dar um só exemplo dessas flutuações, a liberação sexual, que colocou durante alguns decênios o sexo na categoria de centro organizador da vida pessoal e interindividual, parece ceder agora o lugar a uma moderação que em alguns, por vezes, não está isenta de angelismo. Essa labilidade dos modos ameaça acentuar-se ainda mais em função da perda de espírito crítico e da ausência de introspecção, que constituem as marcas mais espontâneas dos indivíduos que somos. No fim de contas, é essa flexibilidade da espinha, essa adaptação ao menor sopro de um evento passageiro, o que torna extremamente arriscada toda e qualquer avaliação sobre a perenidade da mutação em curso. Sem excluir a eventualidade de se pensar que essa adaptabilidade passiva seja, na realidade, a própria causa da mutação.

Cumpre, entretanto, tentar aferir as dimensões da aventura e para isso medir o peso relativo do que milita a favor do desenvolvimento da mutação em curso e do que a combate.

No seio de uma sociedade carente de vigor, verdadeiros grupos de pressão constituíram-se pró e contra a progressão das ciências e técnicas da reprodução humana. Os "pró" mobilizam-se em torno de duas bandeiras: a emancipação da mulher e o progresso humano pelo progresso científico. Vimos, por vezes, essas duas bandeiras aliarem-se, como ocorreu com a pílula anticoncepcional simbolizada pelo encontro de Pincus e Sänger. No número desses "pró" contam-se, em primeiro lugar, estruturas constituídas no âmbito de organismos internacionais como a ONU ou a OMS. A moderação dos nascimentos nos países do Terceiro Mundo é a principal preocupação desses grupos. Contudo, eles estão na dependência dos diversos governos que detêm o poder financeiro e decidem, portanto, a implementação ou não de tal ou qual medida. Estão à mercê das flutuações políticas e ideológicas, às vezes muito acentuadas, dos governos atuais dos países ocidentais, que passam, ao sabor de uma gangorra, das flutuações irregulares de um socialismo canhestro para um liberalismo inconsistente.

Numerosos organismos independentes militam a favor de idéias e de métodos em que a limitação dos nascimentos e a liberação da mulher estão freqüentemente em consonância. Os modelos são a International Planned Parenthood Federation e o Population Council. Embora organismos autônomos, recebem subsídios financeiros dos governos, e sua ação é, portanto, algo limitada.

Dado que existe uma verdadeira mitologia dos poderes da ciência, o *lobby* dos biólogos e médicos tem um poderio ilimitado, sem dúvida, salvo num caso de eventual desacordo interno. Se, há menos de um século, em quase todos os países europeus, a instituição médica constituía a ponta-de-lança do mundo reacionário e condenava a contracepção, o aborto ou, mais perto de nós, os tratamentos avançados da esterilidade, hoje, mesmo nos países em que a legislação não lhe é favorável, a corporação médica, em sua grande maioria, considera a medicina da reprodução uma parte integrante da medicina e apóia as pesquisas que se desenvolvem nessa área. O desenvolvimento propriamente científico da arte médica mostrou-se decisivo, ao que parece, nessa evolução, a qual se beneficiou ademais, no espírito dos médicos, de considerações de ordem financeira, uma vez que as novas técnicas podiam converter-se em consideráveis fontes de rendas. Contudo, esse grupo de pressão não está disposto a fazer qualquer coisa. A solicitação muito recente de uma moratória para as pesquisas é prova disso. Parece que se desenvolve um certo temor acerca das conseqüências das técnicas de reprodução assistida, e que alguns cientistas sentem a necessidade de anuência da sociedade às suas pesquisas. Esse apelo a uma espécie de partilha das responsabilidades, por desejável que seja, parece-nos mais irrisório do que aleatório, tratando-se de uma sociedade civil pouco consciente de suas vontades próprias e sem referências culturais bastante sólidas para fundar uma visão moral.

UMA NOVA IDENTIDADE FEMININA

De fato, os melhores militantes do desenvolvimento da mutação em curso são provavelmente as mulheres. Ontem, os movimentos feministas encarnavam a vontade de mudança: o controle do próprio corpo e de sua descendência. Hoje, em notável perda de velocidade, cedem o primeiro lugar à ação de cada mulher empreendida individualmente. Em todo país onde o "sentimento" feminino tem a liberdade de exprimir-se, ele apóia-se na difusão e no aperfeiçoamento do controle da concepção pela mulher. Esse "sentimento" feminino talvez seja o mais notável fenômeno cultural da nossa época.

Mas ele ainda se conhece pouco, define imperfeitamente suas próprias fronteiras, e podemos dizer que busca uma nova identidade feminina que faça a mulher sair definitivamente — legitimamente — de seus velhos equivalentes de mãe e de prostituta.

Em face desses "pró" existem os "contra". Essencialmente, trata-se do "mundo conservador" e das "religiões".

Tanto aquele quanto estas manifestam o temor das mudanças que sobreviriam para o homem se continuassem a se desenvolver as técnicas de procriação assistida, com as conseqüências familiares, sociais, profissionais, mas também pessoais, que elas ameaçam acarretar.

Será necessário dizer que esse mundo conservador, essas religiões, também habitam em cada um de nós e estamos todos, talvez, divididos contra nós mesmos na apreciação de nossa mutação. Mas se falamos aqui de conservadorismos e de religiões, entendemo-los como defensores da ordem estabelecida, como partidários do *status quo*. Por instinto, o conservadorismo sempre lutou — salvo, esporadicalmente, a sua franja liberal — contra o que constitui no transcurso do século XX o movimento: a emancipação da mulher, a liberdade sexual — sobretudo a da mulher —, a contracepção, a informação sexual, as novas procriações. Alguns, sem deixar de encarar o movimento com reticências, não renunciam, porém, a utilizar eventualmente tais procedimentos como métodos eugênicos, sem expor publicamente, entretanto, suas intenções.

O melhor exemplo desse conservadorismo é provavelmente o dos Estados Unidos de Reagan, que, até estes últimos tempos, conseguira impor uma imagem de poderio e êxito de seu país. Sua hostilidade para com a interrupção voluntária da gravidez reforçava essa imagem de uma força "natural" e "sã". Sob o seu mandado, os créditos norte-americanos em favor da contracepção foram reduzidos para os países estrangeiros que deles vinham beneficiando-se, os dispositivos intra-uterinos desapareceram do mercado norte-americano e os centros de planejamento familiar sobrevivem com dificuldade por falta de ajuda financeira. É notável que um certo sistematismo, deveras estranho às nossas sociedades, se tenha instalado no tocante a essa matéria. Um episódio o ilustra: em 31 de julho de 1985, as grandes companhias de televisão CBS e ABC recusam-se a passar um *spot* publicitário de dois minutos preparado e pago pelo Colégio dos Ginecologistas-Obstetras norte-americano. Esse *spot* apresenta diversos métodos anticoncepcionais e fornece um número de telefone para chamadas gratuitas, a fim de que adolescentes de ambos os sexos pudessem obter informações. As companhias de televisão consideraram, com efeito, que se tratava de uma iniciativa inaceitável...

O que não impede essas mesmas redes de televisão "conservadoras" de transmitir diariamente filmes de violência, de sexo e de estupro, destinados a esse mesmo público de adolescentes! Nos Estados Unidos de Reagan não existe o conservadorismo de todos os azimutes! Mas, numa sociedade puritana e violenta, o sexo, e tudo o que se relaciona com o sexo, continua sendo o perigo por excelência. Esta simples alusão aos fundamentos da sociedade norte-americana deixa perceber que o "mundo europeu" não é uniforme, mesmo que seus modos de vida atuais tendam a impor uma uniformização. O conservadorismo protestante e conquistador dos países do Norte da Europa e dos Estados Unidos adota uma conduta bastante diferente da dos países católicos do Sul europeu, para os quais a busca da eficácia através da sistematização das medidas não está — ainda não está — na ordem do dia. Mas, aqui como lá — e isto é o mais notável —, o mundo conservador é um mundo estabelecido que mantém poderosas ligações com os governos, quaisquer que sejam: as instituições internacionais, os parlamentos nacionais, os grupos de influência. É por isso que não se pode excluir uma situação em que os partidários da ordem estabelecida decidiram frear a mutação em curso porque ela colocaria em perigo, por tal ou qual de seus aspectos, as relações sociais em que seu poderio se baseia. Aliás, tampouco se pode excluir uma "política" mais sutil do conservadorismo que distinguiria a ação a ser conduzida nos países europeus daquela que é destinada aos países do Terceiro Mundo. Sabe-se, seja dito de passagem, ser essa uma censura feita até há bem pouco tempo aos Estados Unidos, acusados de terem desenvolvi-a contracepção nesses últimos países, simplesmente por medo do desenvolvimento demográfico deles. Nessa perspectiva, a atual reviravolta da política norte-americana, que se opõe agora ao aborto nesses mesmos Estados, deveria ser considerada uma "rebarba": o que é a ideologia dos Estados Unidos extravasando, por uma interpretação ruim, para outros países.

A par do conservadorismo, mas confundindo-se às vezes com ele, entre os "contra", situam-se as religiões e, sobretudo, duas dentre elas, as mais poderosas: o catolicismo e o islamismo. No desmoronamento cultural europeu, a Igreja católica mantém-se portadora de uma tradição e de convicções, de valores fundamentais, onde ela continua buscando a inspiração para suas escolhas e a força para seus julgamentos. Capaz de acomodar-se com o que não reputa essencial, sempre considerou um princípio intangível o respeito à vida humana onde quer que ela se manifeste, seja num embrião de um dia, seja na esperança de um embrião, porquanto se opôs sempre aos métodos contraceptivos. Quando a Igreja se opõe às inseminações artificais ou às doações de oócitos, é em nome da qualidade humana da vida do casal que só existe na perspectiva do filho por nascer. E não adianta contestar que, por conseguinte, deve-se também privar a mulher de toda vida sexual após a menopausa — como observou Claude Sureau —, pois a Igreja conviria sem esforço, de fato, em que a vida sexual sem projeto de filhos não tem a menor justificação. Quando se opõe, como acaba de fazer, à fecundação *in vitro,* é em nome de um ato de amor total que não poderia excluir o ato sexual entre esposos. Quanto à sua oposição a todas as experiências com o embrião, relaciona-se com a recusa terminante em aceitar uma intervenção numa pessoa humana, pessoa que existe como promessa a partir da vida embrionária.

Esses princípios, largamente e por diversas vezes proclamados pelos papas e pelas mais altas instituições católicas, não são, contudo, respeitados pela grande maioria dos fiéis, pelo menos na Europa e nos Estados Unidos, já que as coisas se passam de outro modo na América Latina, Ásia e África. Essa divergência entre ela e seus fiéis não impressiona a Igreja: dois decênios de prática anticoncepcional e alguns anos de luta contra a esterilidade com a ajuda de nascimentos assistidos não podem, a seus olhos, contrabalançar vinte séculos de autoridade religiosa. A Igreja aguarda calmamente, numa ocasião ou outra, o regresso do rebanho ao redil. Essa ocasião poderá ser a vertigem do mundo vazio ou as doenças sexualmente transmissíveis, se não for o espectro de uma sociedade matriarcal.

A situação do Islã é, em muitos aspectos, diferente da da Igreja católica. Para os 520 milhões de muçulmanos no mundo, o Islã não é somente uma religião, mas é a vida de seus adeptos como um todo: uma cultura, uma civilização, um modo de vida. A religião islâmica penetra em cada ato da vida cotidiana e ignora toda a separação entre sagrado e profano, assim como entre civil e religioso. O chefe espiritual é também o chefe político, como se vê exemplarmente no Irã atual. O mundo muçulmano é, de longe, o mundo menos afetado pelas transformações resultantes do progresso das ciências da reprodução. Nos raros países em que a mulher conhecia uma certa liberação, como outrora no Irã, o ressurgimento do integrismo religioso provocou um reordenamento: o homem muçulmano reencontrou, por toda parte onde uma aparência de evolução podia fazer crer o contrário, o seu primado. Essa superioridade é reconhecida, como se sabe, pela surata do Alcorão que trata das mulheres e insiste numa hierarquia dos sexos segundo a qual a mulher procede do homem, mesmo se este último só se cumpre através dela e tenha, portanto, a obrigação de se casar. Essa preeminência do homem enfraquece, por si só, as possibilidades de expansão no mundo islâmico da mutação que age na Europa, nos Estados Unidos e no Japão.

O integrismo religioso muçulmano é duradouro? Pode-se imaginar a sua derrocada? A resposta a essas perguntas reveste-se de grande importância num universo onde o Terceiro Mundo tem um peso demográfico cada vez mais considerável, Terceiro Mundo no qual o Islã está sempre em plena expansão.

TRÊS ROTEIROS

Três hipóteses podem ser esquematicamente formuladas para discernir o futuro do controle da procriação e daqueles desenvolvimentos científicos que contribuem para isso:

— Um roteiro utópico descreve a evolução ininterrupta da humanidade inteira, desde o epicentro europeu, no sentido de uma maternidade escolhida.

— Um roteiro integrista descreve um retrocesso que levaria à interdição da contracepção e ao abandono das procriações assistidas.

— Um roteiro mediano descreve uma evolução mais ou menos rápida, feita de avanços e recuos, com uma penetração dos países do Terceiro Mundo, adquirindo lentamente um controle orientado da procriação que com certeza não estaria isento de um certo eugenismo.

A utopia de um mundo conquistado pelos progressos da ciência da reprodução e da genética parece desde já excluída. O que se passa hoje no próprio mundo europeu já a contradiz, na medida em que não param de surgir resistências à contracepção. No que se refere às procriações artificiais, algumas leis já foram promulgadas na Europa e nos Estados Unidos, as quais são sempre restritivas e limitam tanto as pesquisas quanto as primeiras possibilidades de tratamento da esterilidade de um casal, e isso numa sociedade onde os casais se desfazem com uma freqüência e num ritmo crescentes. No resto do mundo, apesar dos esforços esporádicos e dos êxitos localizados, a contracepção esbarra freqüentemente nas tradições, nas religiões e nos particularismos. O fracasso da contracepção na Índia deve-se, assim, em grande parte, ao temor sentido pelas minorias — como a muçulmana — de serem submergidas por outros grupos étnicos. Deve-se igualmente à escassez de recursos financeiros que permitiriam ampliar os esforços numa escala suficientemente grande.

O contínuo crescimento demográfico do Terceiro Mundo cria, por si só, com os países europeus e os Estados Unidos, um desequilíbrio que poderia levar à adoção de posições radicais dos governos ocidentais em favor do natalismo.

O roteiro integrista de um retorno ao "natural" não pode ser descartado sem exame, em virtude da situação que acaba de ser descrita. A redução diferencial da fecundidade das sociedades ocidentais não preocupa somente os poderes públicos; ela ameaça provocar um verdadeiro pânico nos indivíduos da raça branca. Também os conforta numa certa imagem da decadência, mesmo que essa escassa fecundidade não seja a única nem talvez a principal causa desse declínio. Contra esse temor existem alguns argumentos; e, em primeiro lugar, o poder tecnológico que continua sendo apanágio exclusivo dos povos da Europa e dos Estados Unidos, aos quais se junta, nesse ponto, o Japão. Produzem-se também migrações cada vez mais vastas de populações que povoam de etnias diferentes ou de filhos de casamentos mistos tanto os territórios da velha Europa quanto os da jovem América. Esses movimentos compensam de certa maneira, e por uma parte, a queda dos nascimentos autóctones, mas introduzem, por outra parte, uma situação instável, oscilando os poderes nacionais entre uma política de integração e uma política de segregação, não estando esta última isenta de uma conotação eugênica.

A desordem cultural em que nos encontramos poderia também encontrar o seu limite. Talvez se visse voltar a florescer então uma moral e valores que não estariam distantes da vontade de um retorno ao "natural". Esse fenômeno poderia produzir-se tanto mais facilmente quanto maior fosse a freqüência, como hoje ocorre, das doenças sexualmente transmissíveis... Na condição, porém, de que as ciências biológicas muito atuantes, como são as nossas, não levem a melhor nessa situação, encontrando o remédio rápido e eliminando assim as bases para o medo. Pode-se, portanto, em favor do roteiro integrista, imaginar uma coalizão dos "demógrafos", dos "sanitaristas" e dos "moralistas" para fazer, na Europa e nos Estados Unidos, a sociedade realizar uma marcha a ré. O verdadeiro baluarte contra essa "sexta-feira negra" da contracepção e da reprodução humana assistida parece-nos ser constituído pelas próprias mulheres e pela consciência que elas possuem de que têm o domínio teórico e prático sobre os processos da fecundidade. É pouco provável que as mulheres aceitem perder essa vantagem — pelo menos nas sociedades onde essa vantagem se integrou aos seus costumes. Para se chegar a esse ponto, seria necessário, parece-nos, que as mulheres perdessem até a memória de seu poder.

A terceira hipótese parece-nos a mais provável. A humanidade, engajada nesse caminho eventualmente longo e não sem emboscadas, extrairia lentamente proveito das técnicas recentemente aperfeiçoadas para eliminar as gestações não-desejadas e os embriões anormais, antes de se orientar para opções mais positivas, em que a genética entraria ativamente em jogo. Assim se passaria das gestações programadas no tempo, depois no número, para as gestações de qualidade selecionada: certos caracteres transmitidos seriam aceitos ou recusados, outros, mais tarde, poderiam ser adquiridos. Seriam necessárias gerações para percorrer todo esse caminho. Foram precisos 40 anos para que as filhas das primeiras usuárias da pílula anticoncepcional começassem elas próprias a utilizar pílulas anticoncepcionais pouco tempo após o início da puberdade, com a intenção de assim continuarem a proceder até o momento da menopausa.

Essa mesma geração consulta um médico desde que um filho programado tarde em chegar, solicita espontaneamente uma amniocentese e uma ecografia para assegurar-se de que o bebê esperado é normal. É essa mesma geração que vê também esfumar-se o papel do homem em todo esse negócio: ele só é solicitado a contribuir para fazer o bebê, assistir eventualmente aos cursos de parto sem dor, depois ao nascimento, ou ainda para aceitar o esperma de um doador se os seus próprios gametas são insuficientes. Essas mudanças de atitudes inscrevem-se nas mentalidades e são, de fato, já consideráveis nas camadas mais bem informadas e mais prósperas da sociedade. O processo foi ora acelerado, ora retardado pelo fogo da mídia que traduz os investimentos dos partidários de todos os matizes, pelas tradições, por movimentos de moda... Pode-se ter como certo que o mesmo ocorrerá com os nascimentos assistidos, as doações de embriões ou de oócitos, as pesquisas cada vez mais refinadas da genética e a implementação de suas intervenções. Uma das questões importantes consiste em saber se a difusão se fará igualmente entre os diversos países e, no seio de um mesmo país, entre as classes sociais; ou então se, pelo contrário, o recurso aos progressos continuará sendo o apanágio de uma "elite".

Tal segregação das elites constituiria para o sistema democrático, que é o das nossas sociedades, um terrível perigo e decretaria, provavelmente, o fim irremediável desse sistema de governo. Um argumento milita contra essa hipótese pessimista: a simplificação e até por isso mesmo a maior difusão das técnicas que permitem agir sobre a procriação. Com efeito, elas evoluem todas para uma simplicidade e uma comodidade crescentes de utilização, para uma inocuidade e uma eficácia cada vez maiores. Considerar uma fecundação *in vitro* quando se tratava de uma hospitalização de uma semana inteira exigia uma determinação muito forte; obtê-la por um gesto que dura 20 minutos, sem anestesia e sem hospitalização, e que permite, ainda por cima, a congelação para recomeçar uma tentativa com facilidade, é evidente que influencia a escolha pelas mulheres e faz aumentar o recurso ao método.

Se se evita, finalmente, a criação de sociedades com diversos patamares, regidas por poderes autoritários, nem por isso se estará seguro de escapar a uma lenta degradação do querer, a um abandono do maior número nas mãos daqueles que, em última instância, são os que decidem em nossas sociedades desenvolvidas: os técnicos das ciências e a mídia que lhes serve de caixa de ressonância para suas proposições. Se assim fosse, o controle pelo homem de sua procriação seria mera tapeação; não estaria nas mãos do homem, mas de um sistema anônimo e, em última instância, todo-poderoso no domínio desse controle.

Capítulo 4

De hoje para amanhã: o magistério da medicina preventiva

Que peso irão ter a genética e a biologia da reprodução sobre o nosso futuro?

Para responder a essa indagação, a lógica e a imaginação devem prestar-se mútua assistência; ora, é sabido que esse casal, em que a ordem e a fantasia se confrontam, não está isento de crises e dramas domésticos. As nossas respostas — os nossos esboços, as nossas propostas de respostas — devem levar em conta, simultaneamente, o avanço da biologia, fruto do seu próprio impulso adquirido, o das outras ciências e técnicas, a variabilidade da sociedade e a instabilidade da família e dos casais, a evolução dos gostos e as disposições variáveis de espírito da juventude, a exclusão e as revoltas dos mais velhos, os modos frágeis de governo dos Estados... Como não precisar de prudência e de audácia, quando nos sabemos submetidos ao movimento de uma história que todos escrevemos juntos, mas da qual nenhum de nós decifra o texto e torna aleatória toda e qualquer projeção no futuro? O curto prazo é, provavelmente, mais fácil de construir segundo a lógica, o longo prazo segundo a imaginação, mas, dito isto, sobra um vasto lugar para a conjuntura. Um progresso genético — esse mapa que se vai poder traçar para cada um — repercutirá sobre o nosso comportamento pessoal, visto que conheceremos os riscos que corremos e até mesmo a data em que se prefere que eles sobrevenham, assim como a maneira de nos esquivarmos a eles. Esse comportamento, multiplicado pelo de vários indivíduos, pode converter-se, segundo sua intensidade, sua extensão, seu grau de permanência, numa atitude, numa mentalidade. num fato social. Mas como apreciá-lo, quando essas mesmas características de intensidade, extensão e permanência estão na dependência, por exemplo, do estado de liberdade sexual dos cidadãos no momento considerado, ou das tendências da legislação, dos desenvolvimentos demográficos, da situação econômica, etc.

O IRRESISTÍVEL IMPULSO DA PREDIÇÃO

A preocupação com o filho, com a melhoria da qualidade do filho, é um motor de pesquisa que não vai fraquejar, situado como está na confluência das técnicas dos biólogos da reprodução e do desejo de um filho "perfeito" nos casais com uma taxa de fecundidade muito baixa que não querem, quando tentam a aventura da reprodução, correr o risco de um fracasso. Uma inversão dessa situação é inteiramente improvável num clima psicológico em que o hedonismo recebe o reforço de uma conjuntura econômica incerta e de uma ansiedade latente acerca do futuro, e numa conjuntura social em que a mulher tende a ocupar um lugar cada vez maior na vida ativa. Só uma demografia mais vigorosa poderia banalizar de novo a criança, mas não se vislumbram motivos que pudessem fazer com que, de súbito, as mulheres voltassem em grande número às maternidades nos países de cultura européia. Somente a religião, ora de maneira discreta, ora mais agressiva, pressiona no sentido de um tal retorno e recebe esporadicamente a ajuda dos poderes públicos, os quais, de repente, se lembraram de que o declínio demográfico é um perigo real e pode ser um sinal de declínio.

É ainda a religião a primeira a apresentar a seguinte questão: até onde pode ir a pesquisa técnica, no caminho da melhoria do "produto" filho, sem fazer dele um "objeto", um "bem" para os seus genitores? Portanto, sem o fazer cair do *status* de sujeito no de mercadoria quando, aos olhos da Igreja, continua sendo uma pessoa que só existe para a sua salvação.

Assim, a melhoria do produto filho prosseguirá: ela era dirigida recentemente no sentido da prevenção, e em primeiro lugar para a detecção precoce dos perigos que cercam o feto. Graças aos ginecologistas e obstetras, pela supervisão da gravidez e do parto, pelos registros dos ruídos do coração fetal, pela medição das contrações uterinas, pela multiplicação dos exames clínicos e biológicos, diminuiu-se a freqüência da prematuridade e da morte *in utero*.

Essas medidas de rastreamento vão beneficiar amanhã de maneira espetacular os progressos da genética. Os geneticistas são capazes de identificar um número a cada dia maior de anomalias moleculares nos cariótipos dos embriões e dos fetos. A partir do momento em que se conhece a região em que num cromossomo se situa um gene, não existem mais obstáculos para a análise desse gene no embrião. A proeza pode parecer inacreditável, quando se sabe que se trata de procurar um dos componentes da molécula de ADN do cromossomo e que existem 3 bilhões de nucleotídeos em cada cromossomo. Como apontar apenas um desses componentes? Ora, isso pode ser feito, graças às técnicas da engenharia genética, cujas façanhas parecem não conhecer limites. Hoje, quando se está na posse de um gene, todas as anomalias desse gene são fáceis de detectar.

PREDIZER A CRIANÇA NORMAL

A elucidação das anomalias cromossômicas já conheceu toda uma série de etapas. O primeiro método, em termos de prioridade, é a amniocentese, sempre utilizada mais ou menos amplamente segundo os países em função da idade das mulheres que, por motivos econômicos, são autorizadas a recorrer a esse método: na França, as mulheres de mais de 37 anos, pois é, com efeito, a partir dessa idade que a porcentagem de anomalias cromossômicas se eleva bruscamente, o que, entretanto, despreza o fato de que o maior número de anomalias sobrevém antes dessa idade. Com uma fina agulha, retira-se uma porção do líquido amniótico que envolve o feto no útero; analisam-se as cédulas que ele contém ou ainda a sua composição química, e pode-se assim obter um eventual diagnóstico de anomalia. Mas esse exame efetua-se na 17ª semana de gravidez e as análises que ele requer são lentas. Isso significa que as interrupções de gravidez, quando são indicadas, fazem-se tardiamente no 4º ou 5º mês de gestação, com todos os inconvenientes médicos, psicológicos e éticos que essa intervenção tardia supõe. Nestes últimos anos, o diagnóstico pode efetuar-se com uma quantidade muito reduzida de células diferentes: a coleta realiza-se no feto por volta da 8ª semana de gravidez por meio de uma sonda introduzida na vagina até o córion do ovo, apresentando apenas um risco remoto.

Neste caso, os resultados de laboratório são obtidos em menos de uma semana e a eventual interrupção da gravidez pode ser decidida e praticada, portanto, antes do prazo legal da IVG* na França.

A sensibilidade das técnicas de detecção aumenta de dia para dia. Com efeito, sabe-se como ampliar os "sinais", isto é, como reproduzir em grande quantidade a seqüência de ADN que é suscetível de poder conter a anomalia, isso com a finalidade de estudá-la melhor. Ora, não existe a menor dúvida de que a precocidade do diagnóstico de uma anomalia tem influência sobre a facilidade com que a mulher ou o casal decide uma interrupção de gravidez. Faz também com que se aceite mais facilmente o risco de uma nova gravidez ameaçada de anomalia, uma vez que, se esta última sobrevier, poderá ser localizada precocemente.

Não está, provavelmente, muito distante o momento em que as técnicas de rastreamento farão melhor do que a natureza, a qual, por um mecanismo não elucidado, faz rejeitar pelo corpo da mulher — sob a forma de aborto espontâneo precoce — um produto de concepção que considera defeituoso. Melhor ainda, esse rastreamento poderá remediar o defeito do mecanismo natural, que se produz por vezes quando, por exemplo, deixa ir até seu termo um feto mongolóide, o que ocorre uma vez em cada duas. Com efeito, no animal, já se é atualmente capaz de retirar uma ou duas células do ovo que se divide: assim se obtém um material que permite a análise e a pesquisa de uma eventual anomalia, enquanto o ovo se desenvolve normalmente, por outro lado, como se nenhuma coleta tivesse sido feita. É essa, com efeito, uma das particularidades do ovo em seu começo: todas as suas células são capazes de participar na edificação do embrião e a subtração de algumas delas não compromete — ou somente em casos raríssimos — a transformação do ovo em embrião. O mesmo processo poderia ser aplicado no ser humano, pelo menos no caso de um casal que recorre a uma fecundação *in vitro* e que pode temer a transmissão de uma tara genética ao embrião. O fato de dispor de cinco a seis embriões permite, de fato, escolher para o transplante aqueles embriões — geralmente três desses — que não seriam portadores da tara. O obstáculo à passagem dessa técnica do animal para o ser humano reside atual-

---

* *Interruption Volontaire de la Grossesse* (Interrupção Voluntária da Gravidez). (N. do T.)

mente na relativamente fraca taxa de êxito da fecundação *in vitro* e não, em absoluto, no poder de detecção das anomalias genéticas. Se a fecundação *in vitro* progredisse como já acontece com as equipes mais preparadas e como é provável que continue ocorrendo, é lícito pensar que um número não desprezível de casais a ela recorreria, com vistas a poder proceder a essa análise genética ultraprecoce: primeiro, casais cujo filho seria ameaçado pela transmissão de uma tara, mas, em seguida, muitos outros casais, na medida em que a fecundação *in vitro* se banalizar e se democratizar, como se observa agora.

A ESCOLHA DO SEXO E OS PROBLEMAS LIGADOS ÀS ANOMALIAS

A possibilidade já adquirida de detectar anomalias por punção trofoblástica na 8ª semana da gravidez pode permitir, de quebra — o caso produziu-se por diversas vezes —, conhecer o sexo da criança e, por conseguinte, proceder a uma escolha por eliminação do embrião do sexo não desejado. Pode-se também, pelo menos em teoria, sonhar com um mundo sexualmente desequilibrado, que estaria povoado majoritariamente de homens — é o sonho mais freqüente — ou de mulheres... O sexo menos numeroso dos dois estaria então reduzido à categoria de "contribuição gonádica mínima". A existência possível de tal mundo suporia que duas condições, pelo menos, estivessem reunidas. A primeira seria a sistematização do exame pelo método trofoblástico ou por algum outro ainda mais precoce, que se pode desde já entrever: o exame de células sangüíneas, por exemplo. A segunda condição suporia que a escolha em favor de um dos sexos não fosse um simples capricho passageiro do conjunto dos casais, mas uma vontade determinada de não ter um filho a não ser que ele seja do sexo masculino ou que seja do sexo feminino. Que um casal tenha hoje ou amanhã essa vontade determinada é verossímil, mas todos os casais? Ou mesmo a maioria dos casais? Vários estudos foram realizados nos Estados Unidos para saber o que aconteceria se a escolha sistemática do sexo se tornasse praticável. Os resultados apontam todos no mesmo sentido: a escolha favoreceria os rapazes durante os dois ou três primeiros anos, mas o equilíbrio se restabeleceria. É claro que se trata aqui de projeções apenas, e isso numa situação sociopolítica em que a vontade dos indivíduos é o único motor da decisão. O que aconteceria com essa escolha de sexo sob formas de governo ou sob legislações sociais que impusessem ou somente favorecessem — através de medidas econômicas, por exemplo — tal ou qual escolha? Podemos imaginar sociedades que teriam um uso preferencial dos rapazes ou das moças... com a condição de que a diferenciação dos papéis dos dois sexos subsista? Certamente que sim, as razões econômicas são nesse domínio bastante poderosas para que nunca as desprezemos. O exemplo chinês é interessante, desse ponto de vista: combina razões individuais ou, pelo menos, familiares e razões econômicas. Os bebês do sexo feminino, não faz ainda muito tempo, eram maciçamente suprimidos nas áreas rurais; a lei só permitia um filho e, portanto, era necessário, a todo custo, que fosse um varão.

Uma sociedade sexualmente desequilibrada não é impossível. Entretanto, só poderia ver a luz do dia se um concurso de circunstâncias de origens muito diversas levasse num dado momento os governos — nos países mais poderosos — a escolherem tal solução. Essa convergência de fenômenos é que continua sendo pouco provável.

Mas a questão da escolha do sexo é a primeira que se apresenta de uma série de questões que conduzem ao exame de um problema muito mais amplo, latente nas consciências européias desde o século XVIII: o problema da eugenia. Mesmo se, de momento e por alguns anos vindouros, as possibilidades técnicas de detecção precoce das anomalias ou de certas qualidades do embrião — sendo isto mais aleatório do que aquilo — devam levar unicamente à eliminação dos anormais, percebe-se à luz da escolha do sexo que não existe ruptura de método entre essa eliminação e uma manipulação: a correção de tal ou qual característica julgada indesejável e a escolha positiva de uma outra característica considerada preferível, mesmo que essa avaliação seja aleatória. O método apresenta-se logo de uma só peça e leva a uma verdadeira eugenia ou, pelo menos, pode aí levar. Um exemplo premonitório dessa situação é o da coréia de Huntington.

Trata-se de uma doença familiar, na acepção ampla do termo. É uma doença neurológica e psiquiátrica grave, atualmente incurável, e que se manifesta por transtornos mentais — agressividade, tendência suicida, demência — e movimentos involuntários: uma espécie de dança sacudida e convulsiva. É uma enfermidade que só se manifesta a partir dos 40 anos. Até essa idade, o indivíduo vive normalmente sua vida e transmite eventualmente sua doença aos filhos. É admissível que no século XVIII, quando a média de idade na Europa não passava dos 35 anos, numerosos indivíduos tenham vivido plenamente suas vidas sem suspeitar sequer de que eram vítimas do mal. Há pouco tempo, pesquisadores norte-americanos descobriram um segmento de ADN chamado G8, situado no quarto cromossomo e que está em estreita ligação com o gene da coréia de Huntington. Portanto, pode-se hoje rastrear a tara no indivíduo, até mesmo no embrião — um indivíduo que não terá de sofrer sintomas da doença antes dos 40 anos, que talvez nunca tenha de vir a sofrer dela caso morra pouco antes de atingir essa idade, num acidente de automóvel, por exemplo. Outros pesquisadores já isolaram um gene cuja ausência provoca, desta vez, o aparecimento de certos cânceres... numa idade igualmente avançada. Portanto, apresenta-se desde agora o problema de permitir — ou de não permitir — o desenvolvimento de embriões portadores dessas doenças cujas manifestações são tardias. Hoje, a escolha é deixada aos pais — que podem sentir-se responsáveis, até culpados, o que vai influir na decisão deles. Mas, seja qual for a decisão, algumas dessas enfermidades precocemente detectáveis e, portanto, evitáveis custam muito dinheiro às sociedades: até que ponto os poderes públicos podem manter-se neutros e aceitar não intervir em tais situações? E podem não intervir sem resvalar para um liberalismo econômico determinado que poupe às seguridades sociais coletivas — já hoje ameaçadas — o peso financeiro dessas doenças, transferindo a responsabilidade por elas para os seguros privados? E o que virá a ser da solidariedade de uma comunidade social se o número dessas doenças rastreáveis a baixo custo aumentar e não tardar muito a se beneficiar da possibilidade de correções genéticas? Se, pelo contrário, os poderes públicos intervierem, a comunidade aceitará continuar a fazer o jogo da solidariedade? Como se vê, as questões políticas, na acepção mais nobre do termo, não podem deixar de ser formuladas, com seu cortejo previsível de confrontações que nenhum poder político poderá admitir que se desenvolvam e que, portanto, se verá reduzido, cedo ou tarde, a intervir, seja por motivos econômicos — o equilíbrio do orçamento da nação corre o risco de ser prejudicado —, seja por motivos mais propriamente ideológicos, os quais não deixarão de criar novas divisões.

DO NORMAL AO NORMALIZADO

Talvez já seja mais tarde do que pensamos. Talvez esteja em curso a gestação de fenômenos que supomos ainda distantes de nós e cujo advento é irresistível. O exemplo do aborto poderia servir aqui de modelo: desde que foi legalizado na França até a 10ª semana de gravidez, toda manipulação do embrião antes desse prazo parece, seja ela qual for, de importância e significação restritas. Com efeito, como alegar o perigo de tal gesto para o embrião quando o simples desejo da mãe pode interromper — eventualmente por puro capricho — a maternidade em curso? Talvez medidas já tomadas hoje, como a punção do trofoblasto para reconhecer o sexo de um embrião, impeçam amanhã que se interditem outras manobras empreendidas antes daquela data. Talvez ocorra a mesma coisa entre essas duas diligências aparentemente separadas: aquela que conduz ao estabelecimento de um mapa genético individual, e aquela que deve permitir a intervenção nos genes a fim de os corrigir ou de os melhorar. Pode desde já ser considerado como certo — faltando muito pouco para que todos os genes humanos sejam identificados e inventariados — que antes do ano 2000 será estabelecido um mapa genético individual. A questão que se formula a esse respeito é a das condições em que as informações assim computadorizadas poderão ser usadas e por quem. A introdução desse mapa genético — a possibilidade que ele oferece de se ler um indivíduo diríamos antes como um livro aberto, agora como genes abertos — acarretará repercussões sociais de tamanha importância que é inútil, talvez, pensarmos hoje estar ainda em condições de decidir sobre as modalidades de correção de genes deficientes ou sobre intervenções capazes de obter genes da melhor qualidade possível. No começo de sua existência, o mapa genético com certeza só servirá para desvendar as predisposições de tal embrião para tal doença monogenética, como acontece hoje com a trissomia 21 ou com a miopatia. É admissível que amanhã, como hoje, nesses casos, a decisão tomada pelos pais seja, na maioria das vezes, favorável à eliminação do embrião, tanto mais que ela pode efetuar-se cada vez mais precocemente. Mas, para além das doenças monogenéticas — aquelas em que a genética é a única determinante da doença —, já se tratará também de identificar e descobrir os "genes de suscetibilidade", ou seja, os genes que vão favorecer o aparecimento, por exemplo, do diabetes ou da hipercolesterolemia, todas aquelas enfermidades pelas quais a genética não é a única determinante, mas cujo aparecimento ela favorece em menor ou maior grau, quando riscos exteriores surgem para o indivíduo que é seu portador. O perigo de aparecimento de tais doenças é ainda maior quando os dois genitores são portadores dos mesmos genes de suscetibilidade, os do pai reforçando então os da mãe para forjar no filho um "terreno" receptivo às condições de vida desfavoráveis. Sem dúvida, uma ação preventiva dessas condições de vida será, nesse caso, exeqüível, mas, com freqüência, está cercada de constrangimentos. Diante do mapa genético do embrião, qual será a decisão de pais que lerem nele uma deficiência para o futuro? Se considerarmos em primeiro lugar — o que é atualmente o caso — que uma correção é impossível e que só um aborto é a solução viável, a decisão parental — a menos que sua uniformização por uma lei retire esse poder aos genitores — será variável, provavelmente. Mas é lícito crer, se observarmos o que se passa hoje e o sentimento de responsabilidade que os pais atuais de um ou dois filhos alimentam a respeito do futuro do filho eventual, que a decisão será freqüentemente favorável à interrupção da gravidez. Decisão tanto mais freqüente porquanto o diagnóstico da deficiência será precoce e a intervenção sem efeito sobre a fecundidade ulterior da mulher.

No decorrer da segunda etapa, se a correção genética for comprovadamente possível, como imaginar que os pais recuarão diante de tal intervenção, se esta assegurar, pelo menos, a supressão da deficiência ou se mostrar isenta de perigo?

Se, porém, o desejo parental no decorrer de uma ou da outra etapa consiste em deixar vir ao mundo a criança com seus genes primitivos, essa decisão não fará a progenitura escapar a um controle médico mais rigoroso, e esse poder da medicina sobre os indivíduos não é, com certeza, a menor conseqüência previsível desses progressos. Não está longe o tempo em que cada médico poderá ter acesso às informações consignadas no mapa genético da criança, e depois do homem que essa criança virá a ser. Por intermédio, por exemplo, de um Minitel que teria por código de entrada o número da Seguridade Social do recipiendário, o médico poderá descobrir num instante a íntegra dos acontecimentos patológicos da vida desse número, desde a sua existência intra-uterina. A utilidade médica desses conhecimentos é evidente, porquanto permitirá, com efeito, que se evite, por exemplo, tomar um medicamento contra-indicado numa dada constelação genética, ou que se aconselhe este ou aquele modo de vida, com certeza tão bem codificado quanto o próprio mapa genético: tal regime alimentar, tal tipo de exercício físico, mas também tal carreira profissional com um mínimo de riscos para esse indivíduo, tal residência em tal região com tal clima, sem contar com o óbvio: tal casamento com um parceiro que possui tal mapa genético "ideal" para gerar um filho que possuirá, portanto, um máximo de probabilidades hereditárias de êxito.

Mesmo que, numa primeira etapa, a intenção médica deva ser, provavelmente, mais restrita e modesta, isso não significa que a genética moderna não conduz ao estabelecimento de uma medicina preditiva e preventiva generalizada. De resto, só essa previsão parece atualmente capaz de melhorar, de um modo sensível, a esperança de vida e sobretudo, talvez, o prazer de viver cuja exigência entre nós não pára de aumentar.

Pode a medicina renunciar a essas vantagens e a esses novos poderes sem renunciar à sua missão? Pode-se imaginar a possibilidade de que o acesso ao mapa genético escape aos médicos e, singularmente, aos médicos responsáveis por um tratamento? Poderia esse mapa permanecer como atributo exclusivo do próprio indivíduo e de seus genitores que, à vista dessas informações, terão decidido a vinda dele ao mundo? O próprio indivíduo, aquele que hoje conhecemos, mais sensível que nunca ao sofrimento físico, apavorado com o espetáculo da morte e da decadência, exigindo de seu corpo o acesso à totalidade dos prazeres possíveis, podemos imaginá-lo capaz de recusar à ciência médica essa abertura sobre a sua intimidade mais interior, quando estiver convencido de que ela comanda todo o resto: o que ele é e o seu poder de controlar o mundo?

Essa intimidade, justamente, não quererá o indivíduo preservá-la a todo custo? Deixaria o homem, nesse ponto, de querer conservar em seu poder o seu segredo, esse lugar em si mesmo onde suas ações se lembram de que elas lhe pertencem e por quê? Se, como é o mais provável, as teorias sociobiológicas não triunfam, se o todo genético não domina um pensamento do homem reduzido a ser apenas um escravo do ADN, então por que o indivíduo não se revoltaria contra a possibilidade de tal violação? Essa revolta será possível? Parece-nos que ela não é provável por duas ordens de razões. A primeira é que, mesmo se a predisposição genética não passa de uma predisposição, adquirimos o hábito, desde agora, de calcular as nossas chances e os nossos riscos, pois uma vida protegida só o poderá ser ao preço desse cálculo. A segunda, e talvez a mais determinante, é que a necessidade dessa proteção prova ter sobre nós mais poder do que o gosto do próprio prazer, e que já estamos preparados desde há muito tempo — também neste ponto é mais tarde do que se pensa — para abrir os nossos segredos aos olhos mais estranhos, se for necessário passar por isso a fim de proteger os nossos bens.

A extensão do poder médico a uma efetiva medicina preventiva parece-nos previsível em... 80%! Essa extensão autorizada pelo indivíduo — também poderia sê-lo pelos Estados — não estaria isenta de conseqüências sociais. Familiares, em primeiro lugar. Para dar apenas um exemplo, o que seria de um indivíduo comprometido desde a mais tenra idade — a prevenção é tanto mais ativa quanto mais precoce for a sua instauração — com um regime alimentar destinado a poupá-lo, 50 anos depois, a um acidente vascular cardíaco ou cerebral, e que, a cada refeição, assim fosse designado, separado ou rejeitado? Aceitaria ele viver como qualquer outro entre outros? Não seria tentado, à maneira dos Alcoólicos Anônimos ou dos Vigilantes do Peso, a refugiar-se num grupo de semelhantes, à margem da sociedade? A nossa sociedade, já atormentada por tantos e tão diversos grupúsculos, ver-se-ia dilacerada em novos guetos organizados, cada um deles, com seus ritos, suas conveniências, suas aptidões, com suas competições internas, suas classificações de excelência e suas distribuições de prêmios? Ou deve-se contar com um sentimento de solidariedade "cultural" suficientemente poderoso para combater esses particularismos e evitar essa fragmentação? Mas, além do corpo médico, o conhecimento do mapa genético de um indivíduo vai escapar para outros? Para o cônjuge? Para o seu segurador? Para o seu empregador? Nos Estados Unidos, as empresas de produtos químicos já investigam em seus operários a existência de uma suscetibilidade genética a fim de não os expor ao risco que constituiria para alguns deles serem destacados para manipular um determinado produto. A fim de, portanto, não os contratar! E quem iria querer em sua empresa um executivo, cuja formação profissional é demorada e que tivesse por característica uma suscetibilidade, mesmo contrariada por um modo de vida apropriado, ao infarto por volta dos 50 anos? Pois aí reside a falha da medicina preventiva: ela diminui o risco incorrido, mas não o suprime inteiramente. Essa situação de inferioridade em face do trabalho não será, quando na segunda etapa a intervenção no gene será possível, um considerável encorajamento para se recorrer a essas intervenções? E, uma vez mais, só pensaremos nisso quando já for tarde.

RUMO À CRIAÇÃO ARTIFICIAL

A medicina da reprodução animal tem um bom avanço sobre a do homem. A essa primeira constatação cumpre adicionar uma segunda: até agora, tudo o que foi ensaiado e depois praticado no animal foi em seguida usado no homem. Por quê? Em primeiro lugar, provavelmente, porque as equipes de biólogos que servem à arte veterinária também servem à arte médica humana. Em seguida, e sobretudo, porque é uma tradição da medicina experimental investigar primeiro modelos animais antes de transpor os métodos assim adquiridos e controlados para o homem.

Em numerosas circunstâncias, métodos aperfeiçoados com animais foram adaptados ao homem, Jean-Pierre Renard recordava recentemente três exemplos disso: enquanto Edwards praticava a primeira fecundação artificial, apareciam na Grã-Bretanha e nos Estados Unidos as primeiras unidades comerciais de transplantes de embriões em bovinos. As primeiras firmas comerciais de embriões humanos foram criadas nos Estados Unidos em 1986. No cordeiro, são praticadas há muito tempo estimulações do ovário que provocam uma superovulação; na Austrália, Trounson aplicou esse método para melhorar consideravelmente o êxito da fecundação humana *in vitro*. Do mesmo modo, foi graças aos procedimentos aperfeiçoados para congelar, descongelar e conservar o embrião animal no frio — na rata, coelha e vaca — que hoje é possível conservar em baixa temperatura, de maneira praticamente ilimitada, os embriões humanos. O que é que hoje se pratica no animal que ainda não se faz no homem, mas é certo que será possível fazê-lo a prazo mais ou menos curto? Na França, na raça bovina *pie-noir,* uma das mais importantes, todos os touros são resultantes, ao mesmo tempo, da inseminação artificial e do transplante embrionário. A maior parte dos 90% dentre eles que são selecionados a partir de programas informatizados e registrados de acordo com seus desempenhos resultaram de transplantes embrionários a partir de embriões congelados.

Se é verdade, como sublinha Jean-Pierre Renard, que ainda não somos capazes de produzir à vontade touros com olhos cor de malva e paletas de ouro, somos perfeitamente capazes, em contrapartida, de obter, por outras técnicas, animais dotados de possantes quartos traseiros.

Está aí todo o capítulo da criação de novas linhagens: mutantes economicamente mais lucrativos, em última análise. Uma vez postas em prática em animais técnicas de prevenção de patologias pela pesquisa de anomalias genéticas, o que passa pelo diagnóstico de mutações, os biólogos dedicaram-se a pesquisar como se exprimem os genes: como determinada célula se diferencia a partir de um ovo. Questões simples, mas que nem sempre recebem uma resposta completa. Os pesquisadores foram assim levados a criar animais transgênicos. São os animais nascidos da modificação artificial do genomo por injeção num núcleo de genes de proveniência exterior. Assim é que camundongos receberam o gene do hormônio do crescimento do rato e produziram camundongos enormes: mutantes. Para obter resultados do mesmo tipo, outros investigadores recorreram a retrovírus que são capazes de integrar em seu genomo seqüências de outros genomos estranhos e de lhes servir assim de vetores para se integrarem a capitais genéticos pertencentes a espécies diferentes. Ainda muitos outros artifícios são e serão tentados com vistas à criação de novas linhagens: por infecções provocadas por certos vírus manipulados previamente para esse efeito; pela fabricação de quimeras — isto é, animais que são fruto de duas espécies diferentes — a partir de células embrionárias, elas mesmas artificialmente modificadas por engenharia genética. Até agora, os progressos foram sobretudo obtidos com a fêmea do camundongo. São mais lentos nas espécies animais domésticas: controla-se menos bem, até aqui, nestes últimos o lugar no genomo onde se devem inserir — para serem traduzidas — as seqüências que são interessantes: aquelas que vão codificar para tal ou qual característica desejada. Essa dificuldade é devida ao fato de que se conhece menos bem o genomo das espécies domésticas do que o dos ratos... ou que, de resto, o do homem! Entretanto, nenhuma dúvida: os animais transgênicos abrem o caminho à criação artificial. De momento, esbarra-se no fato de que não se sabe inserir num local preciso uma seqüência estranha num genomo. Mas é quase certo que esse controle será possível amanhã. Hoje, no animal, aceita-se proceder de maneira não-controlada e criam-se assim novas linhagens.

Quando o controle for possível, nada teoricamente impedirá que novas linhagens de homens sejam concebíveis. Também se criam no animal outras mutações injetando um gene cujo efeito se conhece, mas que seria assim ampliado. É o caso já citado do gene do hormônio de crescimento com o objetivo de obter animais gigantes.

É também o caso de certos oncogenes que estão na origem de certos cânceres e graças aos quais se estudam a regulação e as condições de aparecimento de determinadas formas desses cânceres. É evidente — a economia manda... — que são igualmente estudados os efeitos de genes que tornarão o animal mais prolífico. Dar à vaca mais leite, ou um leite modificado e sem lactose; dar à ovelha uma lã de melhor qualidade... O animal é, obviamente, um modelo de estudos extremamente variados. Os biólogos são assim capazes, pela transferência nuclear, de dissociar o núcleo do citoplasma. Eles associam essa técnica à da fusão obtida por choques elétricos moderados. Esse método permite-lhes reconstituir um embrião com o citoplasma de um embrião e o núcleo de um outro. Nesse embrião híbrido observam-se em seguida todas as relações que se estabelecem entre o núcleo e o meio circulante, desde o início do desenvolvimento. Vê-se neste ponto o que é freqüentemente esquecido: que a genética interfere muito rapidamente com o "exterior" e que a embriologia tem, provavelmente, muito que ensinar-nos sobre a hereditariedade e sua constituição.

Se a escolha do sexo já vem sendo praticada há anos no animal, deu-se com ele um passo a mais: suas células germinais são diretamente modificadas. Os pesquisadores chegaram assim a modificar galos. Injetam-se células estranhas, produtoras de espermatozóides, no interior dos testículos dessas aves. Esses galos vão produzir, portanto, uma descendência diferente deles próprios. São galos transgênicos.

TRANSFORMAR A ESPÉCIE HUMANA?

A substituição de um gene por outro, a modificação de um gene por um ou outro método, podem acarretar perturbações na ação de outros genes distantes do gene em causa, e conseqüências imprevisíveis, imediatas ou longínquas, para o indivíduo assim tratado. Portanto, está fora de questão a curto prazo, digamos, antes do ano 2000, criar novas espécies humanas e é pouco provável, por conseguinte, que se assista de momento a um consenso aberto entre pesquisadores para tentar fabricar, como já hoje é possível com o animal, indivíduos *à la carte*.

Ainda por algum tempo, o único consenso admissível diz respeito às manipulações genéticas postas a serviço da medicina preventiva. As equipes biomédicas vão dedicar esse tempo à utilização dos modelos animais existentes, os quais ainda não são inteiramente explorados, a fim de conseguir uma melhor compreensão das anomalias genéticas do homem ou ainda as razões de fracassos tão numerosos do transplante na mulher. Com efeito, eles são infinitamente menos freqüentes em bovinos. Ora, o procedimento é diferente no homem, pois que a espécie humana é a única espécie animal em que o embrião é transplantado no útero a fim de que aí se desenvolva normalmente, quando ele se encontra, entretanto, num estágio em que se utiliza transplantado no oviduto, no caso do animal! Os modelos animais poderiam provavelmente permitir o estudo dessa anomalia. E se amanhã os êxitos da fecundação *in vitro* passassem para 40% ou 50%... Ora, desde já, a taxa de gestações obtidas após a substituição de um embrião humano congelado num ciclo natural distinto do ciclo onde ele foi coletado é de 25%! Poder-se-ia generalizar esse método a partir de hoje: coletar, depois congelar, depois substituir no ciclo seguinte de maneira sistemática a fim de obter essa taxa muito favorável! Portanto, se não se trata de transformar de imediato a espécie humana pela própria biologia, os efeitos sociais acarretados ao mesmo tempo pela instauração do mapa genético, o hábito de nascimentos assistidos, a banalização dos abortos para anomalias graves ou menos graves vão, através de uma transformação da vida social, agir sobre a mentalidade, a psicologia, a vida emocional dos indivíduos. Pode-se supor que um curto-circuito se instaura entre mudanças sociais caracterizadas por uma dissociação da vida profissional e familiar e modificações psíquicas em que a identidade e a pertença deverão encontrar outros pontos de fixação diferentes daqueles de que dispomos hoje.

O fato, para um indivíduo, de pertencer a um grupo social de risco, que vai encontrar-se desfavorecido em sua vida profissional, pode simultânea ou separadamente conduzir a um reforço da corrente que leva à multiplicação das intervenções genéticas e à instauração de uma sociedade em estágios sobrepostos. Não dispomos de modelos adequados de governo para tais sociedades dissociadas, e mesmo as chamadas sociedades escravocratas, à imagem das quais se poderia ser tentado a recorrer, apresentam características segregativas muito diferentes das que estão em via de se instalar entre nós.

Descrever o que é possível transformar no homem à luz do que já é feito no animal, descrever as manipulações da genética, desperta logo no espírito da maioria dos contemporâneos uma referência à eugenia. A palavra causa medo, a coisa também. Para o dicionário Robert, a eugenia nada mais é, porém, do que a ciência das condições mais favoráveis à reprodução e melhoria da raça humana. Mas o século atual ensinou-nos em mais de uma ocasião que foi sempre evocando a felicidade e o bem-estar da humanidade que se cometeram os crimes mais cruéis. Uma eugenia racista e elitista surgiu nos Estados Unidos na década de 1920 e prosseguiu nos campos de concentração de Hitler, a favor do espírito de sistema germânico. Essa proximidade de um evento sentido, pelo conjunto dos europeus ao menos, como um apocalipse da vergonha, impede que se possa ouvir hoje a palavra eugenia na acepção de ortogenia (*orto* = reto, direito, correto; *genia* = reprodução; logo, reprodução correta), termo que, com os fundadores do Planejamento familiar, um de nós tinha proposto recentemente para designar a ciência da reprodução que permite evitar anomalias, uma ciência que conduziria a um melhor controle da reprodução humana: sem desígnios de dominação ou de superioridade de uma parte da humanidade sobre as outras... Mas aquilo que não se visa pode, contudo, ser atingido. É o que, por eufemismo, nós batizamos hoje de efeitos perversos, sublinhando dessa forma um desvio inesperado e nefasto. Um outro nome para o mau destino.

Capítulo 5

A Eva do futuro

Neste caso, tem que se reverter sempre à contracepção. De fato, tudo para aí conduz, a todo momento. Foi ela que permitiu a dissociação entre a sexualidade e a reprodução, libertando assim as mulheres — na acepção forte do termo libertar — de sua carga de maternidade sem escolha. Desde então, as mulheres puderam programar suas gestações ao longo de sua vida genital, decidir ter um filho quando o queriam e, corolário fatal, com quem elas o queriam. O que significava que podiam, tal como o homem, entregar-se aos prazeres do amor físico sem risco de ter filhos. Foi assim que as calças chegaram às mulheres e um começo de coquetismo aos homens que elas escolhiam. Foi também essa liberdade de costumes que levou a um recrudescimento das infecções genitais e ao desenvolvimento do que se batizou eufemisticamente como "doenças sexualmente transmissíveis", como se não se tratasse apenas das nossas velhas conhecidas, as doenças venéreas. Pois se as infecções genitais causadoras de esterilidades se desenvolveram favorecidas pelos parceiros múltiplos, esquece-se freqüentemente de dizer que de nada servia a uma mulher de ontem ter por único parceiro o cônjuge, se este tinha relações com múltiplas mulheres! A liberação dos costumes da mulher, se conduziu a esterilidades suplementares, também tornou necessária, no mesmo movimento, a pesquisa de novos meios de obtenção de um filho. Supondo-se que a fecundação *in vitro* tenha conhecido, sem a "demanda" das mulheres, um verdadeiro progresso, é pouco provável que o método continuasse ainda a se desenvolver hoje da maneira que observamos, sem elas. A imagem da própria esterilidade está transformada pela existência de novos meios de procriação que, ao banalizá-la, reduzem-lhe a significação pejorativa.

O que ainda não acabamos de avaliar hoje são as conseqüências em cadeia dessa liberação da mulher e as responsabilidades — sem dúvida consideráveis — que ela tem nos equilíbrios de nossa vida social: dissociação da vida familiar, modificação dos caracteres e das funções do homem.

O que absolutamente não avaliamos foi a luz projetada por essa liberação no rosto da nova criança, quer nasça por fecundação *in vitro*, a partir de um oócito ou de esperma congelado, ou ainda à maneira antiga.

Nesse ponto, poder-se-á retroceder? Será possível persuadir as mulheres jovens a terem filhos antes de recorrerem à contracepção, na idade em que a fertilidade é fácil, e a criá-los em seguida da melhor maneira, em função das possibilidades que lhes são ou serão oferecidas pelos poderes públicos previdentes? Será isso possível quando um terço dos casamentos termina em divórcio, quando os lares celibatários são um lar em cada dois em Paris, quando o concubinato amplia sua duração sem tornar mais estável o seu *status*, quando o modelo novo da família iterativa deixa mais freqüentemente à mulher a responsabilidade da continuidade parental, quando os filhos constituem cada vez mais precocemente uma comunidade etária governada por regras e modos de vida — de lazeres, indumentárias, alimentação — em completa ruptura com os de seus pais, biológicos ou não, transitórios ou não?

Poderíamos multiplicar os aspectos do contexto que parecem tornar improvável um tal retrocesso. É que as mentalidades mudaram em alguns pontos essenciais: dominadas pela perda do além e pela busca compensatória de um consumo maníaco de prazeres no aqui e agora, elas não parecem estar prontas para sofrer uma transformação a contrapelo tão rápida que devamos tomá-la em consideração. Salvo se...

O GRANDE MEDO

Um fenômeno poderia a curto prazo modificar a situação? Sim, o medo de doenças sexualmente transmissíveis poderia, pelo menos em teoria. Um exemplo ilustra esse freio possível: na Suécia, uma epidemia maciça de salpingites constatada entre 1970 e 1980 entre as jovens suscitou uma campanha de informação. A partir de 1980, as jovens suecas reduziram o número de parceiros e o de salpingites diminuiu 50%. Ora, tratava-se apenas de salpingites. O que dizer hoje dos nossos comportamentos sexuais sob a influência de uma epidemia muito mais terrível, dado que mortal, e que tem por principal vetor o esperma: a AIDS?

Os poderes públicos, nos países europeus, nos Estados Unidos e no Japão, assumiram uma posição clara sobre a necessidade de informação das populações e contribuíram largamente para isso. Até o instante em que escrevemos estas linhas, nenhum governo cedeu realmente à tentação segregacionista, pelo menos dentro de suas fronteiras, se excetuarmos as medidas tomadas contra a população carcerária em certos países. Mas os estrangeiros aidéticos já são repelidos em algumas fronteiras e os soropositivos sãos talvez o sejam amanhã. Os poderes públicos serão submetidos, com efeito, às pressões de uma parte da sociedade conservadora que não se cansa de alimentar, pelo fenômeno da AIDS, suas propagandas visando ao retorno a uma ordem moral freqüentemente matizada de racismo. Portanto, não está assegurado que a situação atual, que na maioria das vezes só leva em conta as medidas realmente eficazes — informação com vistas à prevenção, ajuda às pesquisas, não-segregação dos doentes ou das populações de alto risco — não ceda um dia a um desenvolvimento acelerado da epidemia. Poderão surgir então disposições que, por serem ineficazes contra a extensão da doença, só terão para se justificar o pretexto de apaziguar o medo.

É mais difícil inventariar as reações das populações e dos indivíduos. As comunidades homossexuais, as primeiras ameaçadas, parecem ter reagido ainda mais rapidamente na medida em que constituíam entidades melhor estruturadas e em que declaravam alto e bom som sua condição, como é o caso das comunidades *gays* muito bem organizadas nos Estados Unidos e na Inglaterra. Conselhos práticos de mudanças concretas de comportamento foram rapidamente difundidos no seio delas; a informação converteu-se muito depressa num verdadeiro sistema de comunicação. Num espaço de tempo muito reduzido, essas comunidades adotaram uma nova maneira de ser. Foi assim que se pôde assistir a uma considerável redução do número de parceiros sexuais, a um consumo generalizado de preservativos e à formação em casais estabilizados de uma boa proporção de homossexuais que eram até então de "parceiros múltiplos". Em Nova York e em Londres, parece assistir-se hoje a uma primeira redução da velocidade de difusão da doença. Mas por toda parte, nos Estados Unidos e na Europa, onde tais comunidades, quando existem, não possuem a mesma coesão, os efeitos da informação, ainda que muito difundida, parecem menos convincentes. O pouco êxito da difusão, é verdade que recente, dos preservativos é uma boa ilustração de um certo fracasso, talvez provisório. Diz-se, por outro lado, não pudemos verificá-lo, que a comunidade homossexual japonesa, muito hermeticamente fechada sobre si mesma, beneficiar-se-ia ainda menos da informação e da prevenção que ela preconiza.

Mas são, provavelmente, as reações individuais dos homossexuais que assinalam as maiores diferenças de comportamento. O medo e a busca desenfreada de prazer que caracterizam hoje uma parte dificilmente avaliável dentre eles desenham inúmeros configurações: vontade ou recusa de saber se se foi vitimado; conhecimento de uma soropositividade (de caráter ambíguo, pois nem todos os que são soropositivos serão doentes) acompanhado de um retraimento em si mesmo e de um corte absoluto com o ato sexual ou, pelo contrário, de um frenesi de relações amorosas em que o risco aumentado em que se incorre e aquele que se faz os parceiros correrem exacerbam o desejo; utilização de proteções, locais ou não; transformações das maneiras do amor e invenções novas... Cada confidência traduz uma trajetória pessoal e permite desenhar tanto menos as condutas categoriais quanto mais, por vezes, as boas disposições enfraquecem e ninguém está a salvo de um retorno dos antigos hábitos.

As reações dos drogados ainda são menos fáceis de identificar, impedindo a pulsão para a droga, ao que parece, na maioria dos casos, uma ponderação contínua sobre a informação recebida. O que se traduz por uma extensão atualmente muito rápida das contaminações pela seringa e, por esse fato, por um recrudescimento inquietante do número de crianças contaminadas quando da gravidez de uma mãe morfinômana ou companheira de um morfinômano.

Qual será amanhã o comportamento das populações heterossexuais em nossas regiões mais tardiamente afetadas? É muito cedo para o saber, tal como se ignora ainda, mas por outras razões, a extensão da epidemia nos países da África, onde parece, entretanto, que as prostitutas consideram um ponto de honra nada mudar em seus hábitos nem em seus tráficos. Mas, seja qual for a intensidade do medo e as boas razões que o fundamentam, há um fenômeno que as limita nos países industrializados, pelo menos: a certeza confiante em que uma descoberta terapêutica, profilática ou curativa, virá interromper a epidemia da AIDS. A única questão que verdadeiramente se apresenta é a do prazo de que necessitarão os cientistas para obter vitória e liquidar o mal, mas a confiança que as populações têm neles é inquebrantável.

Pode-se crer que, estendendo-se a epidemia e fazendo-se esperar a vitória científica, muda o estado dos espíritos? Que os indivíduos acabam por exigir dos poderes públicos, se estes não tomaram a iniciativa, medidas que conduzirão, entre outras coisas, a uma segregação, na ocorrência ineficaz? Em nossa opinião pode-se, tanto mais que a aproximação do ano 2000 e um grande medo milenarista poderiam encontrar na AIDS um novo modo de expressão.

Então, sim, poderia ganhar corpo um requestionamento da liberdade sexual. Mas, a menos que se imagine que a epidemia nos arrebatará a todos, e conosco a memória das reproduções assistidas e dos mapas genéticos, pode-se pensar que a liberdade sexual, motor e fruto das conquistas da biologia da reprodução, será restabelecida numa sociedade curada.

É provável, portanto, que por algum tempo, pelo menos, quando de uma primeira etapa que poderia estender-se até o ano 2000, os casais continuem dirigindo-se cada vez mais freqüentemente aos laboratórios e aos médicos especializados, a fim de resolverem seus problemas de esterilidade e, depois, o desejo de obterem o filho mais perfeito possível. Essa evolução poderia mostrar-se sem limites e suplantar amplamente a demanda dos casais hipofecundos se, a cada tentativa, respondesse a chegada de um belo e saudável bebê, nove meses depois. Mas até agora a procriação artificial, tanto quanto a natural, não obtém êxito a cada tentativa. Um dos fatores atuais e mais importantes do fracasso é a má qualidade dos gametas, dos oócitos ou dos espermatozóides. A aptidão dos oócitos para serem fecundados diminui com a idade da mulher que os detém. Ora, ao contrário do que se passa com os espermatozóides, que são produzidos dia após dia, todos os oócitos que uma mulher pode oferecer à fecundação estão presentes no ovário desde o nascimento: quanto mais envelhecem, menos sua fecundação é coroada de êxito. É essa a razão da maioria dos abortos espontâneos ou de anomalias genéticas observadas nas mulheres idosas. Reencontramos esses fatos na fecundação *in vitro*: a probabilidade de êxito diminui a partir dos 40 anos ou mesmo a partir já dos 35, e isso em proporções impressionantes: de 20% de êxito a 8% em média.

Mas um progresso técnico vai modificar a situação. O congelamento de espermatozóides foi conseguido há 20 anos; há cerca de dois anos teve início o congelamento de embriões humanos e, se ainda não se sabe congelar oócitos com boas probabilidades de êxito, esse progresso não poderá tardar. Mergulhados em nitrogênio líquido, os gametas e os embriões podem sobreviver durante todo o tempo em que se renovar o líquido de congelamento. Assim, antes do ano 2000, pode abrir-se uma nova fase das procriações artificiais. Se os gametas podem ser conservados durante várias dezenas de anos, tanto o homem quanto a mulher podem ter o desejo de colocar seus grãos num silo e recorrer a eles no dia em que quiserem. Tanto o homem quanto a mulher, quer dizer, cada um deles separadamente ou os dois juntos, estando a comunidade neste último caso reduzida ao embrião.

A NOVA PREVISÃO

Agnès tem 20 anos; ela sabe que seus oócitos, ao contrário dos espermatozóides do homem, vão envelhecer e que corre portanto o risco, se não tiver logo um filho — e ela não o quer no momento —, de ser cada vez menos fecunda. Agnès quer prosseguir os estudos, viver algumas experiências amorosas, viajar. Uma vez um certo número de oócitos enceleirados, graças a duas punções sem anestesia ao termo de dois ciclos de tratamento sem história, Agnès adota uma pílula eficaz e sem efeitos secundários desagradáveis. Termina os estudos, conhece Paul, Jacques e François, toma-os e larga-os; inicia seriamente uma carreira de advogada num grande escritório que a contrata sem o temor de a ver ausentar-se por motivos de gravidez; ela pôs seus sócios a par de seu plano de vida. Aos 37 anos, reencontra Pierre e, tendo adquirido a maturidade, decide que ele será o pai de seu filho, talvez até de seus dois filhos. Solicita um ano sabático, o tempo de recuperar seus oócitos e de os fazer procriar em laboratório com o esperma de Pierre, que se comprovou ser de boa qualidade. Depois, carrega no ventre seu bebê. Que o caso de Agnès se produzirá amanhã, não podemos duvidar. Tornar-se-á banal? Eis a verdadeira questão, que envolve o rosto da mulher, o *status* da criança, o equilíbrio das relações familiares e sociais, e talvez até o governo das sociedades. Uma indicação da nossa pesquisa (cf. p. 129): uma mulher e um homem em cada cinco declaram-se dispostos, desde hoje, a congelar seu esperma ou seus oócitos a fim de terem um filho mais tarde.

O que domina a hipótese é a troca pelo homem e pela mulher do poder de procriação direta, imediata, apaixonada e talvez irracional por um poder de previsão que passa pelo armazenamento dos materiais de procriação: é o prazo de reflexão. Trata-se — cumpre decidir primeiro essa objeção — de uma perigosa preponderância dada ao técnico sobre o "humano"? Sim, se pensarmos que o humano significa a superioridade do irracionalismo e do passional; não, pelo contrário, se acharmos que há no humano uma moderação da paixão pela razão e que é, inclusive, pela qualidade dessa troca permanente que se elaboram os destinos individuais, tanto quanto a história das civilizações. Não é inumano, hoje, reduzir pelo avião a distância que separa dois amantes se não se pode jurar que, assim fazendo, não se transforma a natureza do amor deles; não será inumano amanhã dar à criança por nascer a oportunidade de gametas os mais jovens possíveis, mesmo que os sentimentos dos progenitores para com esse produto devam também ser transformados. A técnica de hoje é o humano de amanhã.

Mas vê-se perfeitamente que nesse caminho tampouco será inumano, após o ano 2000, se a coisa se tornou possível no homem, fornecer a cada filho não só gametas jovens, mas um patrimônio genético isento de anomalias, mesmo que estas fossem de pouca monta. As precauções nunca serão demais; nunca se dão chances demais, sobretudo a um filho que já não será o herdeiro de um casal, mas de um sistema de comunicação que o interliga a todo instante com o universo e o obriga a essa adaptação permanente que, por si só, pode permitir-lhe explorar em seu proveito a perpétua desordem que já é a nossa sina.

O HOMEM É O FUTURO DA MULHER?

Nem mãe, nem amante; então o quê? Assim poderia ser resumida, numa fórmula brutal, a questão que nos apresenta o futuro da mulher em nossas sociedades ocidentais. Imagem modelada pela saída da escravatura das maternidades, mas imagem que ainda não emergiu sob os traços estáveis dos redemoinhos que ela provoca: a mulher, de momento, tem um rosto "tremido".

O que vai acontecer à fragilidade da mulher, já desmentida por uma expectativa de vida nitidamente mais elevada que a do homem, quando os ciclos hormonais deixarem de se propagar em ondas através dela para ritmar-se em fases de variações de que as regras constituíam o pólo de referência? Em face dessa mobilidade, uma certa invariabilidade no homem não pode deixar de ser contrastante. Para a mulher, dores, transtornos, mal-estar, irritabilidade, depressões e essa síndrome pré-menstrual que deixa as mulheres, por vezes, fora de si mesmas. A lenda da histeria feminina — como se ela não existisse também nos homens — encontra sua origem nessas variações e saltos de humor. Uma vez desaparecidos tais comportamentos, alcançando as mulheres as praias plácidas onde o homem julgava até então estar sozinho, como passarão doravante a diferençar-se um do outro?

Pela vida profissional? É pouco provável. Quando, garantida a sua fertilidade pelo armazenamento em segurança de seus oócitos jovens, sua contracepção ficar estabelecida por dez, 15 ou 20 anos a seu bel-prazer, Agnès conduzirá sua vida conforme foi dito e, portanto, sua carreira também. Quem disse que uma contracepção melhor afinada não apagará os derradeiros sintomas da ciclicidade, a própria menstruação, assegurando-lhe um estado hormonal estável?

Tal contracepção é concebível. Sem efeitos secundários? É o que ainda não pode ser dito. Mas se Agnès pudesse viver assim como *donna stabile,* sem sobressaltos, sem perigos, então ela seria igual a Pierre. E até lhe seria superior porque poderia, o tempo de breves parênteses, tornar-se mãe sem que espaços de tempo de tão escassa amplitude pudessem ter uma influência duradoura sobre a sua vida "normal" ou sobre o seu caráter. De resto, nesse caminho, nada impede que uma incubadora possa substituir o útero. Por conseguinte, Agnès só seria diferente de Pierre, daí em diante, em sua morfologia. A mulher, reduzida nela unicamente à forma, não seria mais do que as aparências da feminilidade... Até o momento possível em que uma fisiologia assim negada venha, por seu próprio desaparecimento, a transformar essa forma.

O homem é o futuro da mulher? Mas então, que homem? Pois que relações poderiam estabelecer-se entre Agnès e Pierre? No mercado dos gametas e dos embriões, personalizados ou anônimos, quem seriam os compradores de pleno direito? Quem se tornaria proprietário autorizado? O que viria a ser da noção de pais e, mantido esse casal — se isso acontecer —, quem seria Agnès e quem seria Pierre? Pois o que vem a ser de Pierre assim confrontando, dia após dia, com uma mulher tão perfeitamente sua igual, tão semelhante a ele, tão pouco submetida quanto ele aos movimentos e às servidões de seu corpo? Em que justificações irá poder apoiar-se o seu papel de chefe de família? Como vai ele marcar uma superioridade que já não existe, ou mesmo uma diferença que se esfuma? Irá continuar dando seu nome ao filho ou um duplo nome vai instalar-se como prática comum, agora que a mãe é tão incerta quanto o pai o era ontem? Desde hoje, Agnès já pode dar à luz, sob o seu nome de solteira, um filho concebido sem o concurso de Pierre, e um outro homem já pode reconhecer esse filho... E amanhã?

Até há muito pouco tempo, era a situação econômica que seria de base — e ainda fundamenta na maior parte dos casos — à superioridade de Pierre. Isso também já acabou.

Então, o que vem a ser de Pierre? O macho sem machismo é algo pensável? Onde irá Pierre procurar as marcas de sua identidade? E, se não as encontra numa afirmação fundada em seu sexo, a que feminilidade em si mesmo será remetido?

A confissão de homossexualidade, ou talvez a própria homossexualidade, é hoje mais freqüente do que foi durante muito tempo entre as populações européias. Resultado de uma maior tolerância social, devida, com certeza, à mais ampla liberdade dos costumes, a prática homossexual, que já se beneficia dessa abertura, deveria propagar-se ainda mais numa configuração em que os papéis femininos e masculinos, em que as imagens do homem e da mulher, tendem a aproximar-se. Quando, no seio de um casal, as funções e os papéis não se repartem, mas somente se adicionam, quando os sexos já não estão encarregados de tarefas especificamente designadas e deixaram de servir para medir a ordem de todas as coisas, fica difícil discernir em nome de que imperativo social — a procriação — um casal deveria continuar compondo-se obrigatoriamente de um homem e de uma mulher por outras razões que não as da atração recíproca, da conveniência dos caracteres e das aspirações de uma vida semelhante. Não é impossível que a adoção mais institucionalizada na Antigüidade grega e romana não tenha sido uma disposição social favorável a uma homossexualidade aberta e, por vezes, proclamada. Se é arriscado avançar hipóteses a propósito de indivíduos cuja expressão de sentimentos era muito diferente da nossa, é admissível que, amanhã, o enfraquecimento da necessidade dos laços de sangue, ao desvalorizar a família, conduza à constituição de casais — mais ou menos temporários — menos freqüentemente heterossexuais. Uma família, uma sociedade, têm necessidade de uma grande disparidade de funções, de tarefas e de papéis distribuídos entre o homem e a mulher? Neste ponto, a história não nos serve de referência, sendo a distribuição de funções segundo os sexos uma constante das organizações sociais conhecidas. Mas se o sexo perde sua necessidade procriadora? Uma sociedade poderá facilmente acomodar-se a uma redução drástica do leque de diferenças de sexo segundo as funções, e depois ao seu desaparecimento? Será possível distribuir essas funções, essas tarefas e esses papéis com base em outros critérios que não os do sexo?

QUANDO TUDO SE TORNA REVERSÍVEL

Se a mulher lava os pratos, é porque o homem o decide e a mulher o aceita; mas, quando o sexo masculino fecunda o útero feminino, já não é uma questão de decisão e de aceitação: um vínculo de causalidade reside na própria ação e a une. Essa diferença entre forças cujas relações podem variar e relações de causalidade de caráter irreversível, essa diferença está hoje cedendo. Para reencontrar uma relação de causa e efeito, cumpre dizer doravante que os espermatozóides fecundam o óvulo, podendo o homem e a mulher desempenhar um papel de fornecedores ausentes e, eventualmente, desconhecidos, tendo, em todo caso, o sexo e o útero da mulher se tornado secundários, redundantes.

Esse fenômeno suscita duas reflexões: a primeira, é que a mulher, em nossas sociedades, tinha deixado de ser obrigatoriamente a que lava a louça muito antes de seu útero ter-se tornado acessório; a segunda, é que o surgimento dos nascimentos assistidos acelera certamente o processo em que se esfarrapa o poder. Foucault já o descobrira: o poder já não é o lugar central onde tudo se ordena e se organiza, mas uma seqüência de poderes fragmentados, desmultiplicados, locais; aqui a família, ali o trabalho, acolá a prisão ou a escola, para não falar, justamente, das grandes multinacionais. Assim, o que vem a ser da família? O que serão amanhã esses lares em grande número, organizados por um certo tempo em redor de mulheres de idades doravante diversas e cuja eventual maturidade não impedirá a criação efêmera? O homem será nesses lares, na grande maioria das vezes, um parceiro jovem, escolhido e experimentado, conservado por um tempo e logo rejeitado, em função ora de suas qualidades de pai admitido à experiência, ora de seu ardor sexual mais ou menos bem adaptado... Mas o que terá acontecido ao desejo? Nesses lares, a insegurança será a lei, reflexo de um círculo mais íntimo da insegurança que uma crise econômica latente — nunca liquidada e nunca controlada — e uma guerra impedida pelo temor da destruição absoluta que ela poderia acarretar concorrerão... já concorrem para generalizar.

No seio desses lares e fora deles, a mulher vai viver uma inaudita libertação de destino, que não terá talvez igual senão no condicionamento informático que todos sofremos, segundo uma retórica de modos que aparecem com uma brevidade cada vez maior. O que dará lugar a comportamentos extremos... e sucessivos. Algumas mulheres encontrarão seu equilíbrio, como hoje, na maternidade de estilo ancestral, e não é impossível que essas mulheres-mães, por necessidade de afirmar uma atitude doravante escolhida, acentuem a marca de sua função tendo mais filhos do que têm agora. Outras se recusarão a ter filhos e repelirão a própria lembrança da época em que o seu sexo estava submetido aos filhos: a independência econômica lhes permitirá isso; mas, por pouco que tenham armazenado em silos seus grãos, elas terão direito ao arrependimento e à reviravolta, e poderão inclinar-se para uma outra versão da mulher que existe nelas. Um outro grupo, talvez o mais numeroso, pelo menos por um tempo, será constituído por mulheres que saberão programar e repartir a vida segundo seus desejos e suas aptidões do momento. Saberão adaptar-se às variações requeridas por uma época cada vez mais instável, cada vez menos centrada nas tradições e heranças, cada vez mais contrastada em seus aspectos se, como pensam alguns, ingressamos numa nova Idade Média. Pois essa adaptabilidade às circunstâncias, essa reversibilidade das condutas, essa troca de papéis, somar-se-ão ainda às dissociações de funções e de forças atuando em nossa marcha para a frente.

Portanto, vê-las-emos de todas as espécies. Uma mulher como Agnès deseja viver sua vida amorosa — supomos aqui que esse sentimento de amor subsiste — antes dos 25 anos e colocar em reserva ou os seus oócitos ou, se imagina ter feito a escolha do futuro pai de seu filho, um ou dois embriões. Ela vive "plenamente" sua vida profissional e, um pouco antes dos 40, casa com Pierre... por exemplo. Pierre, como aqueles que o precederam ou que o acompanham na vida de Agnès, está reduzido à categoria de objeto útil para o desejo sexual ou como parceiro que assume o papel de pai... talvez temporário.

Uma outra mulher, Christiane, quer ser senhora do seu destino — referimo-nos aqui a uma ideologia atualmente em curso, mas amanhã qualquer outra servirá — e assumi-lo sozinha. Para Christiane, já não se trata somente de vida sexual ou de reprodução planejada; trata-se da conquista do mundo à maneira dos homens mais empreendedores, econômica e intelectualmente: são os destinos de Cristóvão Colombo, tanto quanto de Rockefeller, que servem neste caso de referência. Tais mulheres, pode-se crer, existiram no passado, e pensa-se em Louise Labé, por exemplo. Sempre saudadas com entusiasmo por seus contemporâneos, homens, que celebravam com seus aplausos e seus "vivas" a própria raridade do fenômeno e com certeza restituíam, assim, à eleita o *status* mais adequado de objeto de admiração, essas mulheres satisfaziam-se por serem assim distinguidas entre as outras mulheres como as mais eminentes dentre elas. Mas Christiane quer ser a mais eminente de todos, homens e mulheres; sua parcela de poder, ela arrebata-a vitoriosamente aos homens. É uma rival entre rivais. É a conquistadora. Será ela uma saída da nossa Idade Média, se é que se confirma, pelo menos, termos realmente entrado nela?

AMANHÃ, A AMAZÔNIA?

Não se trata certamente do matriarcado de antes do Dilúvio, é antes o mito das Amazonas que ganharia corpo; essas Amazonas que, diz o poeta, cortavam um seio para poderem atirar melhor com arco e flecha. As Amazonas tinham filhos? Parece que não. O que supõe uma sobrevivência do grupo por rapto: as utopias não podem ignorar a existência marginal de populações de escravos servindo de resevatório de trabalho ou de progenitura. Mas Christiane pode fazer suas aquisições no seu próprio silo ou no de outrem.

Sem pensar que se possa estabelecer amanhã uma Amazônia, não é inadmissível — não pertence ao domínio da ficção científica — que assistamos a uma divisão dos homens e das mulheres em categorias bem marcadas e distintas. Se tal divisão se produzisse — mulheres-mães, mulheres de prazer, mulheres conquistadoras, sociais, políticas, etc. —, poderíamos assistir à distribuição entre elas dos papéis essenciais à vida de uma cidade, a qual assumiria pelas mães a sobrevivência demográfica da espécie com a ajuda de alguns machos doadores de esperma selecionados. As conquistadoras assumiriam o desenvolvimento das ciências e das artes... Quanto às voluptuosas... sua função é motivo de interrogações, destinadas que serão a um consumo de homens sem rendimento social notavelmente diferenciado.

Quaisquer que sejam as acomodações que a mulher venha a realizar com o homem durante essa ascensão para uma partilha e depois, talvez, uma supremacia dos poderes, é o *status* dos filhos que subsiste como interrogação principal.

O fato, para os filhos, de terem nascido "artificiosamente" terá alguma influência sobre o seu desenvolvimento e o seu futuro? Nada se sabe: ainda é muito cedo para o dizer com segurança a partir dos raros indivíduos inventariados e interrogados. Aliás, é menos, segundo nos parece, a maneira de vir ao mundo que tem conseqüências do que as relações estabelecidas pela criança com uma mãe e um pai de *status* recíproco definitivamente mal estabelecido.

Capítulo 6

Identidade e pertença: as fraturas do social

O futuro da mulher apresenta-se hoje estreitamente ligado ao das ciências da reprodução, as quais lhe proporcionam um domínio quase total de sua feminilidade. A Eva do futuro provavelmente exercerá uma influência crescente sobre o devir do homem e, através das novas relações estabelecidas com ele, sobre a família, o trabalho e o equilíbrio das funções femininas e masculinas no seio da sociedade.

A criança de amanhã é um fruto mais compósito. O seu destino com certeza é mais decisivo para a sorte da humanidade européia. O seu nascimento, já assistido, programado, arrancado à esterilidade, é hoje oferecido à transgenose (termo que reagrupa o conjunto de meios capazes de corrigir as anomalias genéticas e de transformar um patrimônio genético num outro). A criança futura — deixamos neste ponto um tanto imprecisa a proximidade de seu surgimento: amanhã a 1%, depois de amanhã a 10% e mais tarde... quantos %? — concentra os efeitos das modificações que podem produzir-se na confluência da genética e das técnicas da reprodução; recolhe-os em seu corpo; concebe em seu espírito uma relação nova consigo mesma e com sua ascendência, com os outros e com a sociedade que eles formam. Deixou de ser o filho do acaso, do inconsciente, do encontro fortuito, para ser o da deliberação, da decisão e do programa, antes de ser amanhã o do processo de montagem. É um objeto projetado, fabricado, composto. Sua identidade já não promana da dupla fonte parental, mas unifica-se a partir do múltiplo. Sua pertença não é uma herança, mas uma busca e uma conquista. Qual será o seu modo de vida adulto? Que sociedade irá projetar e construir? A que forma de governo confiará ele a gestão da sociedade? Nascido da convergência dos progressos científicos e da pesquisa dos Estados industrializados — os dois motores da nossa atual modificação —, o filho futuro é a alternativa — sujeito ou objeto — em que o nosso porvir se decide; nessa incerteza em que estamos dele, ele é hoje a nossa chance e a nossa vertigem.

OS DOIS PONTOS DE VISTA

Existem duas maneiras muito diferentes de imaginar e de prever essa criança, sua sociedade e seu mundo:

— A primeira é aquela que encarnam, entre outros, os diversos comitês de ética nascidos da vontade dos cientistas de não assumirem sozinhos a responsabilidade por seus progressos. Eles tentam avaliar o impacto dos novos nascimentos, da transgenose, dos avanços das neurociências sobre o indivíduo, a sociedade e a civilização, em função das tradições que são as nossas, como se essas tradições fossem imutáveis e se desenvolvessem num fio contínuo por integração, sem os choques decorrentes de novos eventos. Avaliam esse impacto essencialmente em função da preeminência conferida à pessoa humana na hierarquia dos nossos valores, e à família nuclear de tipo monogâmico como célula fundamental das nossas sociedades. Fazem-no, porém, com prudência, alguns dizem com falta de energia, conscientes, que estão de que essas duas referências constantes de nossa história já não se encontram, nem uma nem outra, tão solidamente alicerçadas quanto ainda há pouco tempo estavam nas consciências e nas condutas.

— A segunda, não-institucionalizada, difusa na população, pretende inspirar-se numa visão mais elevada dos fenômenos científicos e dos imperativos econômicos atuais e suas conseqüências. Ela propõe que nem no passado, nem, aliás, nos dias de hoje, as sociedades não tiveram e continuam não tendo todas as mesmas referências que as nossas. Que, por conseguinte, a pessoa humana e a família monogâmica não podem servir de único e eterno filtro para separar o bem do mal para a humanidade. Que o exame das conseqüências da situação atual deve, portanto, desvencilhar-se dos nossos preconceitos culturais a fim de olhar o futuro com pura objetividade. Os mais fervorosos adeptos deste segundo ponto de vista também são, com freqüência, cientistas, decididamente confiantes nos progressos da ciência para solucionar as questões que seus avanços suscitam. No exame que se segue, vamos tentar manter o equilíbrio entre esses dois pontos de vista ou, melhor dizendo, não desprezar nem um nem outro.

UMA CRIANÇA CADA VEZ MAIS RARA

Se dermos ouvidos aos epidemiologistas, o declínio da fecundidade nos países europeus e nos Estados Unidos prosseguirá. Até onde? Sobre esse ponto, nenhuma resposta. É que eles sabem: o nosso futuro e, entre outros, o nosso futuro demográfico só depende de nós. Ou ainda melhor, na periferia para onde somos levados pelas forças que nos impelem para esse futuro sem que nenhum poder central as comande, as nossas escolhas não pesam mais que fetos e não mais que fetos, talvez, pesam as nossas reproduções assistidas.

Até onde? É impossível sabê-lo. Mas, desde já, não se pode continuar falando de pirâmide das idades: é de um paralelepípedo que se trata, em que a base e o topo tendem a equivaler-se. Na medida em que a expectativa de vida não cessa de crescer — mais de 15% da população são constituídos hoje por indivíduos de mais de 60 anos —, alguns países, como a França, contabilizam ainda um excesso de nascimentos sobre o número de mortes, mas a criança é rara e vai tornar-se ainda mais rara. Em face dessa situação dos países europeus, vemos, pelo contrário, os países mais pobres se beneficiarem de uma fecundidade galopante. Os meios empregados, aqui para favorecer, lá para desencorajar os nascimentos, conhecem um fracasso idêntico. A contracepção alcança, é claro, mas de modo muito insuficiente, os países superpovoados; as medidas de incentivo e os favores concedidos à natalidade comovem muito pouca gente em nossos países. Somente a Alemanha Oriental parece ter conseguido corrigir a situação, mas isso num contexto político muito diferente do nosso. Entretanto, talvez nossos políticos não possam continuar ainda por muito tempo sem adotar medidas mais persuasivas. Mesmo que hoje o poderio de uma nação se meça cada vez menos pelo número de seus habitantes, existe com certeza um limiar aquém do qual não se pode descer sem perturbar gravemente o equilíbrio das gerações. Talvez esse limiar já tenha até sido atingido. Não estão apenas em questão as dificuldades da Seguridade Social e o temor dos 40 anos de não poder contar com o pagamento de suas aposentadorias, mas também as relações cada vez mais difíceis entre as gerações e a opacidade de que a juventude se reveste aos olhos dos mais velhos. Já assistimos, incontestavelmente — mas sem avaliar sempre a importância decisiva —, à constituição de uma classe etária cujas características se distanciam das dos adultos. Outras leis, outras roupas, outra linguagem, outros gostos, que testemunham a edificação de uma mentalidade diferente. Uma grande maioria dos jovens já não são herdeiros. Essas características novas não são fruto do acaso e devem, sem dúvida, para muitos, sua eclosão ao conservadorismo. Como escapar a isso numa conjuntura social em que a atividade dos mais velhos barra a inserção dos mais novos e interdita uma suficiente osmose como a que se produzia não faz muito tempo, até os anos 60. Essa atividade prolongada das gerações estabelecidas não é estranha, sem dúvida, à limitação dos nascimentos, tal como fixados pelos casais em suas programações. Temos aí um fenômeno complexo em que o peso recíproco dos jovens, dos adultos e dos velhos desempenha um papel pouco esclarecido, mas que se pressente ser primordial. tanto o quantitativo se mostrou sempre determinante na história das culturas.

CRIANÇAS EM CULTURA

Quais podem ser amanhã as decisões dos poderes públicos? É possível acreditar que eles continuarão a não intervir, exceto por medidas que já deram sobejas provas de sua ineficácia, e que deixem lentamente consumir-se em conflitos as sociedades de que eles detêm o governo? Deve-se imaginar, pelo contrário, que um governo democrático aceite recorrer, não mais aos incitamentos, mas às obrigações? Não se trataria mais de favorecer aqueles que têm três ou quatro filhos, mas de penalizar pesadamente aqueles que têm menos ou não têm nenhum? O que significaria, em certa medida, que antes do filho estabelecem-se obrigações de casamentos ou de ligações duradouras...

Uma alternativa para tais medidas coercitivas que nos repugna, com certeza injustamente, crer possíveis, reside, é claro, na utilização extensiva das técnicas de nascimentos assistidos já existentes e vindouras. Se, amanhã, fosse concebida e posta em prática uma chocadeira onde o embrião e depois o feto pudessem ser mantidos durante nove meses e até o término de seu desenvolvimento, não é difícil ver como, utilizando os bancos de embriões, os de esperma e de oócitos, os poderes públicos, reduzidos a uma situação demograficamente desesperada, suplementariam a falta de nascimentos "naturais" com um número crescente desses nascimentos de um novo tipo. Essa perspectiva não pertence ao domínio da ficção científica, ainda que a sua concretização seja comprovadamente delicada. Utopia? Talvez, pelo menos enquanto tal incubadora não vir à luz do dia ou sua utilização for complicada ou onerosa demais; mas, se for demonstrado que ela é de emprego tão cômodo quanto o de uma geladeira nos dias de hoje, e que o embrião poderia aí permanecer com a mesma segurança com que o esperma repousa atualmente em sua lamela num frasco de nitrogênio líquido?. . .

Não se pode descartar absolutamente essa possibilidade, a qual obrigaria sem dúvida a empreender a organização de um registro das filiações inteiramente imune a lacunas.

É nessa conjuntura que a utilização da transgenose em grande escala é mais exeqüível. Com efeito, enquanto estiverem produzindo na quantidade desejada as crianças necessárias ao equilíbrio demográfico, fica difícil entender por que razão as autoridades que teriam assumido essa responsabilidade recuariam diante da possibilidade de obter produtos os mais consentâneos possíveis com as necessidades da nação.

Esse tipo de realidade deve ser provado pela estatística, por isso a real eficácia de tal seleção genética só poderia ser demonstrada por sua utilização em grande escala numa população. O que significa que não seria necessário estar seguro do êxito da manobra antes de empreendê-la. De resto, mesmo *a posteriori,* de que êxito se trataria? Os poderes públicos que manifestassem tal vontade de programação provavelmente não se contentariam com uma seleção genética, mas reforçá-la-iam com a utilização desta outra arma do determinismo seletivo, o condicionamento proposto pelas teorias de Skinner.

Mediante uma aprendizagem apropriada, esses teóricos propõem, com efeito, a obtenção de uma modelagem comportamentalista das faculdades. Assim, os eventuais fracassos da sociobiologia ver-se-iam corrigidos ou, pelo menos, mascarados pelos efeitos do skinnerismo... Espetáculo horrível e irrisório.

Eis-nos, direis, cedendo à velha utopia do melhor dos mundos condicionado. Seria necessário, pensais, para que tal paisagem humana aparecesse, um concurso de circunstâncias demasiado aleatório para que seja verossímil. Entretanto, somos forçados a constatar que o conjunto de peças do arsenal de técnicas hodiernas, constituído pela genética e pela biologia da reprodução, é suscetível de responder às necessidades de um Estado que se visse obrigado a solucionar os conflitos nascidos do desequilíbrio das gerações... Sem mesmo levar em conta as necessidades de um eventual conflito com a massa crescente dos países pobres.

Tal evento suporia, por certo, uma corrupção avançada do sistema democrático e a implementação de uma espécie de solução programática final por um grupo de indivíduos, cientistas e políticos misturados, decididos a reduzir à categoria de animais domésticos os produtos da reprodução humana. Aliás, no tempo cronológico, essa sistematização programática poderia não instalar-se de imediato. Poderíamos assistir primeiro a uma extensão dos nascimentos assistidos. Mas desta vez já não seriam apenas os casais estéreis, ou hipofecundos, ou simplesmente com pressa de obter o filho desejado no próprio momento do desejo, mas casais meramente ativos e desejando continuar a sê-lo que recorreriam aos bancos de gametas e às fecundações *in vitro,* depois ao incubador de gestação. É que, no seio desses casais, o homem e a mulher nova desejariam participar igualmente da vida ativa e recorreriam, mediante contrato amigável, a equipes médico-biológicas. O funcionamento econômico de tal empreendimento ficaria, provavelmente, sob o controle dos poderes públicos, que assim interviriam no sistema. Desde agora, as comissões de ética, que pressentiram a possibilidade dessa situação, parecem opor-se às transações financeiras que fixariam um preço para o esperma, o oócito, o embrião, o aluguel do útero, em função do respeito da pessoa da criança. É possível que os poderes públicos também desejem amanhã evitar uma discriminação pelo dinheiro do acesso aos nascimentos artificiais. É mais provável, entretanto, que os casais ricos dispusessem mais assiduamente desse recurso tão prático. Ele lhes forneceria, após uma concepção *in vitro* sem esforços, um recém-nascido pronto e acabado, sem dores. E entrando esse hábito nos costumes da classe dominante que, como sempre, serve de modelo para a população inteira, os poderes públicos seriam mais facilmente tentados — e, sob o pretexto de igualitarismo, disporiam de melhor justificativa — a adaptar num segundo tempo às suas conveniências próprias — a paz social pela paz entre as gerações — práticas que teriam desarmado as oposições morais. É por tal caminho que as nossas sociedades poderiam reencontrar-se — para o seu maior bem! — investidas desde o seu interior por estruturas novas de administração e de gestão.

Uma hipótese de evolução mais "suave", baseada no modelo do que se passou com o parto sem dor, que, após ter sido reservado a algumas "intelectuais", se propagou a toda a sociedade, gostaria que uma democratização dos nascimentos assistidos se produzisse sem solução de continuidade nem interferências dirigistas. O dinheiro não é tudo, com efeito. E em sociedades como a nossa, em que as forças sociais tendem a exercer cada vez com maior freqüência poderes autônomos, uma tal progressão suave dos novos nascimentos é muito possível.

O que aconteceria, nessas situações, com a família nuclear monogâmica? Ainda que subsistisse numa parte inicialmente considerável da sociedade, ela não tardaria em apresentar-se como um modelo tanto mais superado quanto já hoje a vemos desagregar-se através de seus divórcios na indiferença geral por suas virtudes. E em que se converteria o primado da pessoa humana?

DOS FILHOS DO ACASO AOS FILHOS DO PROGRAMA

No deslizamento já sensível nos dias de hoje do que comumente se designa com o termo vago de "valores morais", não é fácil desenhar os percursos cruzados através dos quais a vida em comum forja as psicologias individuais, enquanto os caracteres impõem suas marcas à vida social ou política. De um marxismo elementar que atribuía toda a influência ao econômico e submetia assim o social e, portanto, o individual às forças da História, incontroladas enquanto não eram desmascaradas, passamos, por um certo tempo pelo menos, a um liberalismo que exalta a potência das determinações do indivíduo. Forças individuais, acerca das quais não se esclareceu, porém, se são nascidas do próprio indivíduo e se este é, portanto, o seu próprio criador, ou se são o fruto de sua ascendência e se ele não passa, por conseguinte, de um escravo do ADN.

Não se podem, entretanto, esconder os efeitos sobre o indivíduo das modalidades novas de seu nascimento numa sociedade que os aceita e que poderia amanhã conferir-lhes privilégios. A criança futura vai engendrar um novo indivíduo. Mas, hoje mesmo, como é que se vê, como é que vive uma criança resultante de um nascimento assistido? Por enquanto, só é possível, imaginá-lo. Quando uma criança nasce por fecundação *in vitro,* que idéia ela faz de seu nascimento, dessa chegada à vida sem que um ato sexual se tenha produzido? Esse nascimento não é maravilhoso, milagroso e, evidentemente, excepcional? Não é aquele que nasceu de um modo que o distingue de tantos outros nascidos do ato carnal, não é o Eleito? Como não evocar o nascimento do Cristo, o anúncio feito a Maria, a ação do Espírito Santo? Mesmo hoje, quando o doador do esperma é um indivíduo conhecido, na maioria dos casos o cônjuge, essa proveniência não é anunciada nem proclamada. Algo de clandestino subsiste em torno dessa operação, com certeza porque ela se produz à margem do ato carnal e a ascendência permanece incerta. Uma dúvida subsiste então a respeito do pai, o que vem reforçar a fantasia do "romance familiar" tão abundantemente descrita pela teoria freudiana em crianças nascidas da maneira mais natural do mundo, mas que inventam um nascimento mítico, rejeitando seus pais reais em benefício de um casal superior, de essência real ou até divina. Já não é o Cristo, mas é Moisés ou o José de *José e seus irmãos.* Essas crianças só terão amanhã por pai um pobre José, desta vez o carpinteiro? Quais deverão ser então suas conquistas para se considerarem dignas de tal linhagem? Para provarem a si mesmas que o são, de fato. Em que precipícios correm o risco de cair se conhecerem o fracasso? E, sobretudo, onde encontrarão elas os seus semelhantes senão entre os seus congêneres? Veremos então criar-se uma casta, um clã, uma sociedade paralela, clandestina ou gloriosa segundo as circunstâncias externas, imperiosas, por certo, e sedenta de uma vontade de potência sem limites, pois ignoraria as suas origens verdadeiras, tendo seus membros vindo ao mundo por uma espécie de milagre?

Quando uma criança nasce de uma mãe de aluguel e esta é — as três possibilidades existem — ora sua mãe genética, ora sua mãe uterina, ora tão-somente sua mãe ovulatória, que imagem ela faz de sua filiação? A que mãe se refere entre suas mães? Reparte-se entre elas segundo tal ou qual de suas necessidades? Segundo tal ou qual função a preencher, recorre a uma ou à outra? Ou então, sem se preocupar com tais partilhas classificatórias, avançará na vida de modo errático, saltando de uma para a outra, vivendo uma filiação confusa de inúmeros benefícios secundários, porquanto permite todas as fraquezas e todas as audácias, fraquezas e audácias que se sucedem tal como se sucederam suas mães? Semelhante filho não se aproxima então do retrato do bastardo, tantas vezes traçado nos romances e no teatro? E o pai? Essa divisão da filiação carnal e da filiação social que o pai parece dominar, uma e outra, à imagem de sua dominação, pelo menos aparente, de suas duas mulheres, dessas duas mães que não foram demais para lhe conseguir um filho; como permite ele ao filho atravancado de mães ter acesso às virtudes paternas? Como poderia ele atingi-las senão por astúcia, arvorando o rosto da coragem física ou moral que, no entanto, não pode possuir de pleno direito? E como encontraria em outros desequilíbrios tão inquietantes quanto os seus, senão naqueles, justamente, que nasceram da mesma maneira e, tal como ele, buscam na exageração de seus poderes banais um meio de reduzir a distância entre si e a mãe formada por duas mulheres que o criaram pela força de uma duplicação?

Quando uma criança, o que já é mais banal, nasce da doação do esperma de um desconhecido, que rosto adquire para ela sua ascendência? Atribuirá ao outro pai tal disposição de seu caráter, tal inclinação, tal pulsão que ela não reconhece em seu pai social? Será propensa a apagar esse pai e o outro para se refugiar e, talvez, se reconhecer somente na mãe que soube impor a dois homens a sua necessidade de um filho? Ou, então, a existência dessas diferenças com que ela se defronta e que se multiplicam entre ela e seu pai legal será vivida pela criança como uma oposição crescente, levando-a então a criar para si uma personalidade e até mesmo um personagem em negativo desse pai nutriente, e a extrair da imagem desconhecida do outro os elementos inventados de uma originalidade tanto mais extrema porquanto é destituída de bases identificáveis? Ou, pelo contrário, vai esforçar-se por apagar essas diferenças e fazer-se o mímico, o duplo em escala reduzida, o macaco de imitação daquele que tem sobre ela o poder de a criar e instruir, e, pior ainda, o de a amar gratuitamente, de a amar fora das razões obrigatórias do sangue? Nesse caso, tornar-se-á um desviante ou uma cópia? Um inimigo jurado e, reunido com outros filhos nascidos como ele, elaborará uma pertença comum a todos os que procedem de um genitor desconhecido e criará, a partir desse vazio hereditário, uma espécie de escola de administração dos homens sem leis paternas?

Às dificuldades de identificação provocadas na criança futura pelas manipulações concertadas de seu nascimento, cujas intenções o objetivam ao mesmo tempo que fazem mergulhar suas origens numa espécie de abstração científico-técnica, responde a necessidade de pertencer a um conjunto de semelhantes suscetíveis de fazê-la descobrir, por reflexo e consentimento, sua realidade e sua situação. Essa necessidade, se a criança logra satisfazê-la, desembocará na criação de um grupo que, segundo sua extensão (alguns indivíduos ou uma considerável porcentagem da população), suas justificações e suas finalidades, adotará as características de um bando ou de uma sociedade paralela. Fora dessa satisfação, corre-se o risco de que o refúgio seja, com freqüência, um estado esquizofrênico, do qual não há a certeza de que todos os cuidados parentais protejam com eficácia a criança.

Essa sociedade paralela nascida de uma segregação pelo nascimento tem pouquíssimas chances, porém, no estado atual da utilização das técnicas de nascimentos assistidos (ainda muito modesta), de adquirir um peso específico que obrigue a sociedade e os poderes públicos a considerá-la. Poderá, entretanto, obrigar os poderes públicos a regulamentar juridicamente os problemas que ela apresenta de transmissão de herança, tanto mais que a emancipação econômica da mulher, e sua autonomia, multiplicando a freqüência das "famílias iterativas", leva a uma situação mais complicada.

Durante um certo tempo, pelo menos, é provável que o peso relativo dos costumes atuais dos casais importe mais do que a influência dos meios artificiais de procriação; mas o espírito desse filho novo, a visão que ele tem de um mundo mais fragmentado, mais conflitivo, em que a individualidade é uma conquista que só o grupo dos semelhantes autoriza, reforçará uma disposição já amplamente instalada entre os jovens para se constituírem em classes etárias que possuem seus modos próprios de apropriação do mundo e de seus bens, e talvez até, amanhã, uma codificação de suas novas referências. Nesse contexto, a diferença mais radical dos filhos do artifício pode acelerar o desenvolvimento da fragmentação da sociedade atual em classes de geração.

Constitui uma incógnita, por enquanto, qual possa ser a influência dessa nova divisão social em classes de idade, no momento em que se atenuam as antigas divisões em parte ideologicamente separadas.

Quando a noção de idade vem apagar ou absorver em si as outras diferenciações políticas, que regime convirá ao governo desse novo estado de coisas?

De que poderes se dota a fim de poder enfrentar conflitos de naturezas novas, dos quais certas formas já se divisam atualmente: integração contra segregação racial; cultura do livro contra cultura da imagem e, no seio do mundo da imagem, cultura do *clip* contra o gosto do filme, instrução seletiva contra instrução de massas; profissões com perfil de carreira contra o trabalho *à la carte,* etc., tudo isso exemplos em face dos quais os interesses majoritários dos jovens e dos velhos se opõem na grande maioria dos casos?

Com a intervenção, se ela se produz, da transgenose, chegar-se-ia a uma diferenciação radical que impossibilitaria todo o cálculo sobre o mundo projetado por seus filhos. O filho seria plenamente o filho futuro quando se apresentar a seus próprios olhos e aos olhos de todos como um filho sem mais imprevistos. Então, já não é apenas o nascimento dele que é programado e o subtrai ao mundo carnal do desejo e da paixão; já não é apenas o fruto de uma montagem grosseira, mas o produto de manipulações refinadas e precisas, destinadas a compô-lo em consideração de funções e rendimentos previstos, segundo um plano organizado por seus fabricantes. Se o acaso é banido, seus genitores se apagam: os gametas só contam em parte; ele é seu descendente, mas corrigido, modificado; procede, sobretudo, do espírito voluntário dos mecânicos da genética e do *savoir-faire* dos biólogos da reprodução. Seus "pais" não passam de meros fornecedores de um material imperfeito que sofre purificação e ajustamentos antes de ter acesso à honra de lhe servir de elementos constituintes. O seu espírito vem de outro lugar, se é que ainda se pode batizar de "espírito" essa máquina maravilhosa que se movimenta segundo planos que, uma vez mais, não são os seus.

A CRIANÇA DO ESTADO

Reencontramos neste ponto as grandes utopias estadistas: ao modelo educativo geralmente apresentado pelos autores do século XVIII virá juntar-se, para quem descrever a situação possível de amanhã, a programação genética. O Estado, dono, desta vez, das crianças desde antes de sua concepção, decidindo sobre elas como "composições" suas, poderia estabelecer um regime regulador teoricamente absoluto que viria satisfazer, enfim, as aspirações de todos aqueles para quem a ordem é a finalidade da vida, até mesmo daqueles que ignoram estar aí o fim lógico de suas aspirações e seus esforços. A família, nuclear ou não, monogâmica ou não, deixaria de oferecer serviços objetivos e acabaria morrendo por falta de emprego. Quanto à preeminência da pessoa humana, deixaria virtualmente de ter sentido, tendo essa pessoa cedido o lugar a um objeto criador e consumidor de outros. Robô entre robôs, essa hipótese parece-nos ainda mais inverossímil, porquanto rechaçamos visceralmente semelhante perspectiva. Até mesmo as obras de ficção científica que a descrevem logram quase sempre a sobrevivência, entre os robôs, num homem e numa mulher, de um traço antigo, desaparecido em todos os outros e refugiado até aí num recanto do paleoencéfalo que escapou ao crivo exterminador do programa e que, de súbito, alimenta a revolta comum deles. Batizam essa invenção com o nome de amor. Com efeito, é o amor, essa labareda súbita, insuspeitável um instante antes, que arde, incontrolável, irracional, que condena a criança do Estado. Não é por acaso, provavelmente, se os regimes que tendem para esse controle sobre os indivíduos recorrem às investigações da consciência e dos sentimentos que sempre suspeitam de estar conspirando contra o poder deles. É que, com efeito, o amor solapa o poder, sem mesmo o saber: faz com que aqueles que o possuem escapem à ordem.

Sem atingir esse rosto demasiado linear e simplificado, demasiado imaginativo, da criança do Estado, está prestes a nascer mais próxima de nós uma criança-objeto. Fruto projetado e depois obtido de concepção e gestação artificiais, com capital genético hoje corrigido e amanhã reconstruído, mesmo que não corresponda a um modelo ideal e único, preestabelecido como gostaria um Estado todo-poderoso, mesmo que seja a conseqüência de vontades particulares, ameaça obrigar a nossa sociedade a revisões dilacerantes de seus fundamentos.

Pois a criança-objeto não atua sozinha. Ela surge num contexto em que somos dominados — por causa da nossa admiração por elas — pelas duas forças que nos lançam para a frente de nós próprios: o dinheiro e a ciência. Em face desses dois poderes, a família nuclear e a pessoa humana já não pesam mais que um feto. Ora, essas duas potências cegas, não obstante o que pretendem de boa fé alguns cientistas, para as conseqüências de suas conquistas, encontram-se e ombreiam no que as nossas sociedades têm por projetos mais decisivos; elas colaboram. Com certeza, não querem deliberadamente produzir a criança-objeto; talvez até alguns dos homens que estão a serviço dessas forças sintam horror em face da possibilidade de seu advento. Mas suas pesquisas a serviço de interesses econômicos, que são, aliás, os de nossas sociedades e de nossos Estados, os nossos — manipulações genéticas com vistas à obtenção de melhores rendimentos vegetais e animais —, conduzem-nos a descobertas que encontram todas, a menor ou maior prazo — conforme mostramos no capítulo precedente — suas aplicações ao humano. O que se passará quando, amanhã, houver entre nós alguns milhares, algumas dezenas de milhares, dessas crianças-objetos?

A diferença entre elas e as outras, aos olhos delas e aos olhos das outras, será de tal natureza que possa acarretar uma separação ou uma segregação? É a primeira pergunta: quando o filho do desejo imediato, da união carnal, surge no mundo sem que nada intervenha entre o momento em que é semeado e o momento em que é dado à luz, se encontrar diante da decisão fria e calculada e da correção preparatória do melhor rendimento previsível, o que sentirão um e outro? Como é que cada um verá o outro e se verá a si mesmo?

A CRIANÇA CORRIGIDA

A criança-objeto, dir-se-á, encontra-se numa situação que pouco ou nada difere da das crianças com nascimento assistido dos dias de hoje. Uma identidade mais problemática que exige uma pertença mais estreita: eis o que constitui também o seu traço principal. Dizendo isso, despreza-se o fato de que a intervenção genética traz um elemento absolutamente novo: essa criança deixou de ser o produto de dois indivíduos vivos. Foi corrigida. Foi modificada. É a projeção composta no vivo de uma imagem sonhada, desejada, querida por dois indivíduos, um dos quais pode não ter dado contribuição nenhuma de seu próprio corpo; e de manipulações que são obra de equipes inteiras de homens para os quais a criança nada mais é do que o produto dos materiais com que trabalham.

Essa criança pode sentir-se orgulhosa por ser produto de um desejo bem mais elevado do que aquele que nasce da atração carnal. Talvez venha a criar para si deveres e fixar-se metas que farão dela um indivíduo de exceção, se os seus poderes estiverem à altura de sua vontade. Mas, pelo contrário, essa criança pode ser desorientada pela pluralidade dos autores de seu nascimento e sentir-se perdida num vago desconhecido. Qual é, afinal, o seu planeta de origem? Está aqui em trânsito para onde? Como não escaparia ela às obrigações, às leis, aos sistemas de relações, aos sentimentos que regem este mundo? Existe nela o vivente em estado natural. Já é um mutante. Poder-se-á explicar-lhe que mutantes somos todos nós, produtos de um código genético tão amplamente aberto que não só somos todos diferentes, mas, no decorrer de nossa própria vida, vamos forjando diferenças novas? Como ouviria ela isso, ela, que é mutante de uma outra maneira: segundo uma outra vontade. O mutante que essa criança é desconfia, teme, protege-se daqueles que são daqui, ao mesmo tempo que busca e inventa para si uma trajetória singular, prometida somente a ela e a seus congêneres. Já não é a sua identidade que busca e, com os seus, é em descoberta de um mundo que tem a obrigação de partir. Aliás, as outras crianças, diante dela, buscam os sinais de sua singularidade, e se os buscam os encontram. Uma vez que os tenham encontrado, os catalogam, os classificam e os dotam de comportamentos estranhos, desviantes. Então, ou a admiram ou, o que é, talvez, mais freqüente a rejeitam. E a criança-objeto entricheira-se com as de sua espécie...

Não se enxerga como a existência mesmo em número muito minoritário de crianças-objetos não acarretaria novas fragmentações da nossa sociedade. A família nuclear implode, desta vez, o seu próprio núcleo cede por ter dado lugar — ainda que de um modo fantasmático — ao novo absoluto.

E a pessoa humana? Pois bem, eis que desta vez é impossível deixarmos de ver que ela já não ocupa o primeiro lugar. O primeiro lugar está vazio. Há muito tempo que ela já não era a nossa preocupação, o nosso projeto, e estávamos empenhados na conquista de outros valores, de outra coisa! Essa coisa, ei-la agora nessa criança-objeto, produzida pelo nosso desejo e pelo nosso querer, pelas nossas ciências, pelo nosso domínio, e modelada à imagem que queremos dar-lhe, não à nossa imagem, mas à imagem projetada de nós, de um homem novo. Então, a pessoa humana, no decorrer dessa conquista, eclipsou-se há muito tempo. Talvez os próprios preparativos de combate não tivessem sido possíveis se ela nos tivesse embaraçado com sua presença exigente. Fingimos respeitá-la sempre mas tínhamo-la descartado de nossas vistas. O que se encontra hoje em primeiro lugar não é ela, não é... nada, mas talvez amanhã seja esse produto nosso, humano, portanto, mas um pouco mais, um pouco melhor humano, pois que resultante do nosso poder, sua encarnação... Filho do homem! Vê-se como as palavras, a linguagem, poderiam continuar fazendo crer que ela continua presente, a pessoa humana. Ela poderia servir de biombo no caso de ocorrer um percalço inesperado, nunca se sabe: um golpe duro...

Se o respeito pela pessoa humana se eclipsa, não é tanto à criança-objeto que ela o deve. Com certeza, apresenta-se aqui mais como o símbolo que assinala o seu desaparecimento. O espetáculo das imagens oriundas dos confins do mundo com tamanha rapidez e com a mesma intensidade dramática das que chegam da rua do lado, esse espetáculo contínuo, freqüentemente insuportável, mas sistemático, de batalhas e carnificinas, de assassinatos, de seqüestros, esse espetáculo da pessoa humana aviltada e escarnecida, mercadoria ou amontoado de cadáveres, tornou-se banal há muito tempo. Foi aí, em primeiro lugar, que se perdeu o respeito pela pessoa humana, que a coloca onde nós a situávamos, na primeira fila das nossas salvaguardas. Já sabíamos muito bem que, ao evocá-lo, eram apenas palavras que pronunciávamos, pois a emoção, a indignação, o sofrimento, haviam deixado de ocupar os nossos corações e os nossos espíritos. Logo, fim do respeito pela pessoa humana — e por nós. É preciso encontrar, inventar outra coisa. Outra coisa que nos mantenha de um modo diferente: que nos suceda e nos ultrapasse rumo ao futuro. E, no entanto, em que seria isso possível? Reencontraríamos ainda esses caracteres antigos que, por vezes, se agitam em nós sob os nossos cálculos objetivos e nossa busca de uma verdade final.

Mas a criança-objeto, e esta é a segunda questão, como poderia deixar de ser o objeto de empresas; como não converter-se no cacife mais importante dessas empresas que vemos hoje desenvolverem-se nos Estados Unidos e que fazem o comércio de oócitos, de embriões, quando não servem de agência para o empréstimo ou aluguel de úteros? Provavelmente, a genética, uma vez promovida ao primeiro plano, exigiria das empresas investimentos cada vez mais pesados e pode-se imaginar como se constituiriam, em torno de equipes de pesquisa polivalentes e de técnicas complementares, sociedades financeiras capazes de colocar no mercado crianças-objetos de qualidade garantida. Não seria improvável que as mesmas empresas que hoje utilizam os talentos e os conhecimentos de equipes de biólogos em reprodução animal, equipes que trabalham paralelamente com as que se concentram no desenvolvimento dos progressos já obtidos na reprodução humana, viessem a comercializar as crianças-objetos, tal como fazem com diversos animais. Segundo o preço que aceitassem pagar pela sua compra, os casais teriam acesso a crianças de categorias hierarquizadas. Não é, aliás, o que está sendo feito hoje com as adoções de crianças provenientes de países do Terceiro Mundo, para as quais se instalou um mercado paralelo em numerosos países de cultura européia?

Os países europeus poderiam, entretanto, distinguir-se dessa tendência americana, habituados que estão a recorrer aos serviços da Previdência Social para seus problemas de saúde. Desde já, as despesas incorridas pela fecundação *in vitro* são reembolsadas pela Previdência Social e pouco se duvida de que todos os gastos provocados pela obtenção do filho ideal também se juntarão amanhã à pílula anticoncepcional e ao aborto. Através da socialização dos gastos com a saúde, os países da Europa poderão conhecer uma integração sem choques e escapar à lei do dinheiro, a menos, porém, que o peso da saúde no "produto interno bruto" (PIB) acabe sendo comprovadamente insuportável e certos limites sejam fixados para as intervenções do Estado. Veríamos então desenvolver-se, segundo os desejos de certas tendências liberais, esse sistema de saúde em dois estágios que os poderes públicos na França souberam até agora evitar.

Mas, no setor da socialização, duvida-se muito pouco de que as autoridades de tutela não se sintam na obrigação de intervir, seja para erguer barreiras contra uma extensão que elas julgariam perigosa para além de certos limites, seja para avocá-la como sendo da responsabilidade delas e sob o pretexto de controle do desenvolvimento ulterior.

Quanto mais a nossa descendência é o produto de manobras que requerem competências e intervenções de um número mais elevado de intermediários, menos a nossa descendência nos pertence. Quando uma sociedade inteira, por suas contribuições para o sistema de Previdência Social, colabora na vinda ao mundo de uma criança, aqueles que têm a responsabilidade de a criar, após terem tido a de a querer, compartilham essa responsabilidade com todos. De um simples deslocamento, eles passaram a ser apenas os representantes da sociedade junto da criança. Essa dupla obrigação — técnica e econômica — exacerba a escolha que deve ser feita entre um sistema liberal, em que os encargos financeiros pertinentes à criança-objeto recairiam inteiramente sobre o casal, e um sistema igualitário, no qual esses encargos caberiam à sociedade, portanto, no fim de contas, ao Estado.

Assim poderia transformar-se a natureza dos governos das nossas democracias, que oscilam atualmente entre um tratamento liberal e um tratamento social das atividades do povo. Passaria a uma forma de poder autoritário, colocando simultaneamente sob a jurisdição do Estado a tarefa de ponderar a reprodução dos cidadãos com suas características e a de medir suas liberdades.

UM ROTEIRO PESSIMISTA: RUMO A UMA SOCIEDADE DE CASTAS?

Estamos tão habituados a uma distribuição do corpo social em categorias sócio-profissionais que nos inclinamos a pensar que a disponibilidade efetiva da escola e do dinheiro constitui o crivo intangível das classificações no âmbito de nossas sociedades. A herança forma nelas o anel que segura e une os elos. Sem dúvida, a herança perderá sua importância. Os valores mais seguros de hoje não estamos certos de que continuem a sê-lo amanhã; a incerteza que prevalece no tocante aos bens materiais estende-se às aquisições do conhecimento. A crise do ensino, que nenhuma reforma consegue resolver, é o sinal exemplar dessa situação em que o legado do passado mostra ser, com freqüência, uma fraca vantagem para o herdeiro, quando se defronta com o mundo da produção, em que as aquisições e descobertas recentes, as técnicas de ponta, o *know-how* atualizado, são os fatores mais suscetíveis de promover o êxito. Nesse contexto, não surpreende ver o poder financeiro investir cada vez menos na indústria de produção mas preferir os setores que criam o novo e são dotados da faculdade de renovação dos produtos. É o que explica as alianças cada vez mais numerosas e estreitas que se estabelecem entre a pesquisa científica e a indústria. A osmose é desde já previsível na maior parte dessa atividade mista de que as biotecnologias são um dos bons exemplos, e que colocou sob a lei do lucro imediato os pesquisadores. O fato de que hoje eles se intitulam pesquisadores, de preferência a "cientistas", caído em desuso, e de que isso implica uma atitude mais contemplativa e reflexiva, já é muito característico dessa evolução. A substituição na universidade por uma formação de utilização rápida das técnicas novas está assim em curso, em surdina. O predomínio já evidente dos alunos da Escola Nacional de Administração nos gabinetes ministeriais, todas as tendências políticas misturadas, é um sinal desse primado do administrativo entendido *lato sensu*: faculdade de incluir e de situar num organismo, na maioria dos casos já existente, um elemento de renovação que irá, por algum tempo, tornar-se o motor do seu progresso. E é assim, como se sabe, que a universidade, até há pouco tempo depositária e transmissora da memória cultural da Europa e de seus descendentes, vê-se atualmente marginalizada. Essa herança, cujo papel decresce, portanto, em nossa sociedade como se o passado se tivesse tornado agora um obstáculo ao nosso avanço, eis que é ameaçada no que lhe servia de base: a transmissão da descendência pelo sangue... "A dura necessidade de se sobreviver" de que falava o poeta, a transmissão da vida por uma união personalizada, eis que pode ser obtida por outros caminhos, com a ressalva de se perder um pouco do prazer que essa personalização subentendia. Essa convergência dos dois fenômenos, de uma juventude que toma consciência de que a escola detentora da herança já não está adaptada às necessidades da competição que ela terá o dever de enfrentar — o que lhe faz rejeitar ao mesmo tempo a competição e a escola — e do surgimento de um projeto de crianças-objetos com pais múltiplos e um patrimônio genético enriquecido, precipita a fragmentação da nossa sociedade através da multiplicação dos grupos de pertença.

Pois na necessidade imperiosa em que se verão de se reencontrar com semelhantes, os filhos de amanhã — filhos de nascimentos assistidos, crianças-objetos, mas também, por contágio e simpatia, filhos "naturais" — irão multiplicar os clãs. O que os anima é, portanto, a sede de distinção, pelo menos num primeiro tempo, da margem.

A Idade Média já conheceu o florescimento de tais grupos de crianças ou de adolescentes. Com efeito, talvez a nossa época esteja entrando numa nova Idade Média: pode-se formular essa hipótese, que já mencionamos superficialmente no capítulo precedente, na condição, porém, de se precisar o que se coloca por trás das palavras Idade Média, vasto período histórico que pode facilmente decompor-se em períodos muito contestados: uma primeira Idade Média de escassa população, triste e miserável, desde a queda de Roma até Carlos Magno; uma segunda, que leva à primavera do século XII, antes que se desenvolva um terceiro período que findará com a queda de Constantinopla e dá acesso a uma redistribuição geral de valores. Se ingressamos agora numa nova Idade Média, não é, com certeza, a nenhum desses três períodos que ela poderá assemelhar-se. Talvez possa ter, porém, em comum com essas três etapas históricas um traço decisivo, o da dispersão dos poderes no seio do mundo e de cada nação ou Estado. Essa dispersão que gera toda uma série de fenômenos, alguns dos quais já vemos aparecer, como a insegurança, a deterioração ecológica, a fragmentação das cidades em bairros com residências classificatórias de minorias étnicas ou nacionais e, portanto, o nascimento de bandos. Mas, para nos limitarmos a esses bandos, eles não terão amanhã nada de comparável aos "vagabundos" da Idade Média histórica, cuja razão de ser era, sobretudo, a miséria econômica. Os bandos de hoje — e mesmo de ontem: pense-se nos *hippies* — são inspirados por essa necessidade de aventuras comuns, de forma freqüentemente mística, e serão amanhã reunidos, provavelmente, por essa necessidade de distinção que a falta de pertença natural desenvolverá.

Uma vez adquiridas as regras de vida de um grupo, as modalidades de pertença, os ritos de admissão, as funções, o fundo secreto ou proclamado de conhecimentos, de competências, de crenças, acham-se forjadas as condições de existência de uma casta que só necessita, para emergir e ocupar um lugar fixo na sociedade, do reconhecimento dos outros, dos poderes, do Estado.

A necessidade de pertença já se faz hoje presente. O que não se pode avaliar é o tempo necessário para o surgimento de castas e, por conseguinte, a duração do período de perturbações que começamos a conhecer: da passagem da nossa sociedade democrática, partidária e pluralista por excelência, para essa sociedade autocrática científico-argentária com múltiplas castas autorizadas.

Serão possíveis outros esquemas, além dessa regressão barbarizante?

UM ROTEIRO FELIZ: UMA DESFORRA DO ESPÍRITO

Sim, e em primeiro lugar outros esquemas de regressão que se apoiariam num retorno aos integrismos político-religiosos sob a pressão de uma demografia a reanimar e de uma ordem moral a restaurar contra as patologias da liberdade sexual. Esse movimento já se esboçou nos Estados Unidos sob a égide de Reagan e na Grã-Bretanha com Thatcher. A Europa continental, se excetuarmos certas veleidades da católica Baviera, mostrou-se até aqui mais tímida ou mais resistente — segundo as apreciações — diante das medidas coercitivas nos domínios da demografia e da sexualidade. O que não poderia conjecturar com certeza o que se produziria amanhã se o Estado se descobrisse capaz de influir seriamente sobre o número de filhos e se novas infecções viróticas de caráter epidêmico, originadas pelos contatos sexuais, se desenvolvessem dramaticamente. Essa possibilidade só reforçaria o caráter repressivo de uma sociedade que somente encontraria coerência e unidade na coerção e no medo.

O outro roteiro seria o de controle das situações novas e de suas conseqüências por uma sociedade civil capaz de integrar em seus funcionamentos modificações tão profundas e rápidas quanto as da biologia, mas também que outras técnicas (entre as quais as oriundas da física não são as menos atuantes) estão lhe impondo. Esse controle passaria obrigatoriamente — e é este o principal obstáculo — por um sistema de comunicação que, sobrecarregado tal como é hoje pelo número e pela disparidade das informações, e incapaz de selecionar ou de hierarquizar algo nessa avalanche, ora é vítima de manipulações, ora cilada das convicções. Cientistas e alguns raros filósofos parecem dar-se conta hoje de que lhes faltou fidelidade ao que, na falta de outra palavra, cumpre continuar chamando o espírito, isto é, essa tentativa em forma de obrigação de unificar significativamente o real para além de seus aspectos contrastados, até mesmo opostos.

Tudo se passou como se, por temor de uma uniformização social em que o igualitarismo redutor das doutrinas sociais do Estado era o elemento de contraste, a cultura das diferenças tinha sido exaltada para além dos limites do razoável, para além daquele ponto em que a diferença aceita se converte em reivindicação exclusiva, rejeição do outro, negação de todo caráter que se assemelhe e onde possam reconhecer-se os homens enquanto semelhantes.

Vivemos um fracasso do espírito cujo exato e fiel reflexo é o nosso sistema de comunicação, deixando apenas lugar para as explosões de um mundo cujas fronteiras se retraem ao mesmo tempo que sua heterogeneidade aumenta. Só subsistem uma retórica da objetividade sobre suas informações, um véu de uniformidade, de indiferença... e de tédio. Chegamos ao ponto de acumular os perigos de um individualismo sem concessão ao bem comum, egoísta e hedonista, ignorante das necessidades de uma vida social equilibrada, cuja vitalidade é fruto do intercâmbio, com os perigos de um abandono submetido aos mecanismos de um sistema em que ninguém detém os comandos.

Escapam-nos, certamente, numerosíssimos elementos de apreciação da nossa situação: um organismo só conhece os organismos que ele domina, e nós somos dominados por um sistema que só parcialmente logramos apreender. Por isso se pode dizer que tudo termina por acomodar-se sob os efeitos de forças que escapam à vigilância. É verdade, aliás, que até o presente momento, para esta porção da história humana que conhecemos, as coisas acabaram sempre por acomodar-se! Ainda que bastante mal em certos períodos. Uma condição específica é requerida para sair de uma crise, sobre a qual tentamos mostrar que, a nossos olhos, ela é capital. Essa condição é que o sistema de comunicações que é o nosso possa escapar ao movimento que o empolga. Por esse preço, pode-se imaginar que uma informação interativa, aquela que solicita o interrogador e o obriga a engajar-se no processo da resposta, poderia permitir o rompimento gradual dos círculos de sujeição e de solidão que estão se constituindo. Mas a complexidade de cada um dos domínios fragmentados que formam hoje esses círculos e, por exemplo, o corpo da biologia (para falar do material de nossa própria tentativa de escrever este livro para uso de todos e não apenas dos biólogos), mostra a extensão das dificuldades a vencer se nos recusarmos a aceitar a instauração de um sistema de governo que fundamentaria seu poder e sua ordem numa casta dominante de cientistas-financeiros e deixaria vegetar em seus particularismos folclóricos uma multidão de subcastas inimigas entre si. O surgimento iminente do filho da biologia — da criança simultaneamente do homem e do domínio do homem — exige, para que escape às transações econômicas a que todo produto está sujeito e à escravidão política que espera todo objeto, a entrada em atividade de uma sociedade civil em que os indivíduos, os casais e as famílias, em sua diversidade de formas, encontrem seu lugar e descubram seu papel. Somente a esse preço é que se pode imaginar que se faça uma escolha entre as possíveis.

Conclusão

A TRANSIÇÃO PERMANENTE

A possibilidade de modificar o homem por intervenção em sua biologia e de compor os elementos do nascimento dele de acordo com a manipulação técnica das fontes do ser vivo é aceita por uma parcela já bastante significativa da população e, em particular, por sua fração jovem. Não é sem uma certa satisfação que os autores do presente livro viram sua intuição inicial confirmada quantitativamente pelo estudo da SOFRES.[1] A vertigem do filho perfeito não é um fenômeno marginal. Como pôde atingir tão depressa tamanha amplitude? De que modo a exigência das mulheres e dos casais se propagou como um incêndio soprado pela ventania ao campo inteiro das possibilidades que lhes são oferecidas pelas ciências do ser vivo? Como o desejo deles poderia manifestar-se sem freios neles próprios, se não se inscrevesse numa época de mutações generalizadas em que alguns reencontram, por vezes, os traços da Idade Média e outros enxergam o início de uma nova barbárie?

Diante do surgimento de uma criança domesticada que prefigura uma mutação do homem, diante da vertigem que nos toma ao anunciar-se o seu advento, é a questão do controle que se apresenta. Tudo se passa como se, quando todas as coisas à nossa volta são objetos de combate e de desordem, temêssemos ver o combate e a desordem instalarem-se no santuário de nosso organismo e, desde o mais íntimo e o mais pessoal, transformar por inteiro a nossa indi-

---

1 Cf. p. 211 e ss.

vidualidade. No fim de contas, tememos mais ou menos confusamente não poder controlar o nosso devir. Esse devir cujas chaves se encontram nas mãos dos poderes técnicos que, entretanto, controlamos tão bem nos seus lugares de aplicação. De fato, continuamos raciocinando como conservadores de uma herança que vemos, contudo, produzida que ela é por nossas obras, voar em estilhaços à nossa volta. Empenhamo-nos em entesourar quando só pode ser hoje questão de reconstrução por reconquistas ou descobertas: por uma "bricolagem" generalizada que poderia encontrar seus modelos nas técnicas de uma biologia que soube adaptar-se ao mundo molecular e aí encontrar uma dimensão nova. Continuamos raciocinando a partir de imperativos éticos antigos, quando deveríamos inventar novos métodos da razão que se adaptem à dispersão das realidades e dos poderes atuais.

Se a nossa própria posição moral, ao longo deste livro, pode não ter transparecido claramente, foi porque, em primeiro lugar, nos abstivemos, tanto quanto nos era possível, de tomar partido. Foi também porque os fundamentos sobre os quais repousa ainda a nossa moral são cada vez menos comuns e cada vez menos seguros. Já não é na base de uma certa concepção da pessoa humana, considerada intangível, ou na da família nuclear e monogâmica, que se pode hoje sustentar uma opinião, formular um juízo. Não queremos dizer que repudiamos esses dois pólos da nossa civilização e que, desvencilhando-nos deles como de uma camisa usada, os consideramos ultrapassados, estranhos a nós próprios. O que queremos dizer é que suas referências não podem ser suficientes, que voltam a ser questionadas e exigem ser reexaminadas. É o que, aliás, sempre acontece, pois nunca foram um ponto de referência fixo, um Norte absoluto; mas o movimento que as agita é hoje acentuado e a divergência adquiriu tamanha amplitude que é impossível continuar confiando nessas referências. Num momento em que as forças de dispersão ganham terreno, trata-se sobretudo de decifrar — apesar da rapidez de suas aparições e, por vezes, sua evanescência — as realidades desta época em que estamos em trânsito. Hoje, o nosso esforço deve concentrar-se no controle dos encaminhamentos e no discernimento de suas conseqüências. Essas realidades possuem certos traços cada vez mais reconhecíveis; é verdade que em muitos aspectos recordam as estruturas dispersas que marcam a Idade Média. Pelo menos, essa necessidade de compará-las com eventos antigos pode permitir-nos distinguir melhor o contorno do inesperado e apaziguar a nossa surpresa.

Ora, é indispensável reconhecer esses traços de hoje se queremos compreender como as nossas ciências biológicas — as quais só pertencem à nossa época — podem agir sobre eles por influência recíproca e, finalmente, talvez, comandá-los.

UMA NOVA IDADE MÉDIA

Em toda uma série de fenômenos de hoje, sinais de uma grande desordem que se instala, reencontramos as imagens e situações que não deixaram de impor suas marcas nas fases, não obstante muito diversas, que se sucederam nesse longo período de mil anos.

Assim a queda. Aquele mundo e este no qual estamos envolvidos inauguram-se com o fim de um mundo unitário. Roma cai pela impotência para gerir desde o centro um império cujo funcionamento lhe escapa, tanto quanto sob os golpes dos "bárbaros" de que se encontra largamente infiltrada. A complexidade do sistema que Roma montou revela-se ingovernável. Suas instituições cedem ao impacto das novas concepções de vida que nascem em sua periferia. A ética cristã é apenas uma entre várias, durante largo tempo, a par do alexandrinismo e em meio ao extenso rosário de cultos orientais. Quem não enxerga que a Europa de hoje, dividida contra si mesma, expatriada além de um oceano, sofrendo em seus confins as pressões de outros povos, ora integrando costumes alógenos ora rechaçando-os, não consegue gerir o sistema mundial que, no entanto, modelado por suas indústrias e suas técnicas, é obra sua? Quem não vê que ela se assemelha a Roma no momento em que esta cai?

O mesmo pode ser assinalado no tocante à fragmentação dos poderes. Após a queda de Roma, a multiplicidade de potências em ação na política das cidades e das nações do Velho Mundo; poder temporal e poder eclesiástico, milhares de senhores feudais reinando em suas terras, milhares de burgueses formados em conselho nas comunas e, à margem desses poderes locais, fazendo-se e desfazendo-se, a ação autônoma dos mercadores, dos banqueiros, dos transportadores... Aqui e agora, uma mesma dispersão dos poderes (teorizada recentemente por Michel Foucault) que, ora dominando os Estados de direito, ora desenvolvendo-se sob as aparências de seus poderes, asseguram seu predomínio ou solucionam às pressas e à socapa seus interesses particulares; ali, as multinacionais da indústria, das finanças e do comércio; aqui, os tráficos ilícitos da droga e do dinheiro, por toda parte os mercados negros e paralelos, as clientelas, os *lobbies* e os tráficos de influência. E, se alguns desses fenômenos não são novos, jamais ameaçaram como hoje desequilibrar os Estados-nações. Para nos convencermos disso, basta pensar no risco que constitui cotidianamente o caráter errático das cotações da Bolsa.

Assim no tocante à insegurança. Ela campeava na Idade Média desde que se saísse do centro das cidades ou se abandonasse a segurança das muralhas feudais ou dos claustros monásticos. Dominava nas florestas e, com freqüência, nas estradas. De tempos em tempos, expressava-se em versões mais reivindicativas através de sublevações, de insurreições, misturando já o banditismo e o crime de direito comum com a revolta política. Assim vemos propagar-se, agora que o serviço público deixa de ser a lei suprema de um poder central, feudalidades ferozes que, demasiado fracas para conduzir verdadeiras ações de guerra e não visando, em absoluto, a uma tomada do poder, organizam guerrilhas, arregimentam bandos de malfeitores e assassinos que, valendo-se de nacionalismos de pacotilha e de ideologias humanitárias, dissimulam a rapina e o homicídio nas dobras de uma bandeira do ideal.

A mesma coisa quanto à deterioração da natureza. Até o ano 1000 ou quase, sob os efeitos de um clima alterado e de uma população reduzida — acumulando-se isto com aquilo —, um empobrecimento dos campos até uma miséria tal que as gerações não podiam renovar-se. Agora, sob os excessos das tecnologias e, sobretudo, das indústrias químicas, e sob a ameaça de uma contaminação nuclear, o desaparecimento das florestas, a poluição dos rios, a destruição da flora e da fauna que ameaça culminar numa catástrofe ecológica.

Assim, e sobretudo, a balcanização dos povos. Na Idade Média, sua fragmentação em comunidades diversas e rivais, sob o efeito da religião que separa os fiéis dos hereges e sob a pressão de guerras que praticamente não consentem períodos de trégua para reatamento dos laços entre vizinhos. Hoje, os choques de costumes, de culturas, de níveis de fortuna e em breve de classes etárias que conduzem a um conflito permanente de todos contra todos, compartimentam as cidades, encerram as coletividades minoritárias em guetos ou em favelas, protegem e armam a maioria através das expedições punitivas, multiplicando os controles, as polícias paralelas e os esquadrões da morte.

AS CIÊNCIAS, PARA FAZER O QUÊ?

Se a nossa época é, em tudo o que acabamos de dizer, uma nova Idade Média, ela difere radicalmente desta no que se refere às ciências: ao invés da verdadeira Idade Média, não perdemos o contato com os séculos precedentes, a biblioteca de Alexandria não foi incendiada e, se estamos em ruptura com o nosso passado, as nossas ciências continuam sendo as herdeiras dele. Nunca como hoje suas aplicações técnicas proporcionaram, a serviço do homem, uma tão grande massa de meios de conquista da terra e, mais longe, do universo. Então, sobre os componentes desse mundo estilhaçado, qual pode ser a ação dessas ciências triunfantes? Intervir no curso das coisas, combater a insegurança, prevenir a destruição ecológica, harmonizar entre elas as comunidades esparsas, poderão elas fazê-lo? É essa a sua vocação? Ou a sua vontade? Está em seu poder fazer tudo isso? Se, *nolens volens*, elas contribuem só por sua marcha para diante para transformar os homens e para fazer deles os mutantes rápidos que pressentimos, será que se limitarão a esse papel mecânico e lavarão as mãos de sua influência? Ou irão, de fato, intervir e tentar influir nas decisões, colaborar numa tomada de consciência, tornar-se um protagonista ativo do nosso devir?

Os clérigos da Idade Média que se acaba de evocar, reagrupados em mosteiros, realizavam a dupla tarefa de proteger o que subsistia de Roma e da Grécia e de armazenar as contribuições árabes. Os de hoje, reunidos nos *campi* da América e nos centros de pesquisas da Europa, que fazem eles? Diferença considerável com os clérigos de ontem, eles preocupavam-se pouco, até estes últimos tempos, em divulgar suas ciências para as compartir. Aceitavam o corte que separa as duas culturas, a popular e a erudita. Essa ruptura tem uma história.

A GRANDE DIFERENÇA

Uma diferença foi lentamente cavada entre a ciência moderna, que nega à diversidade qualquer outra existência exceto a ilusória, que busca uma verdade última no microscópio, que se apóia em leis deterministas e reversíveis e numa regra de objetividade que só aceita como plenamente reais os fenômenos certamente reproduzíveis, e o que se pode designar com uma só palavra: o sentimento.

O sentimento, ou seja, essa relação de intimidade imediata com a natureza e essa espontaneidade pura que vivemos como livre-arbítrio. O sentimento, ou seja, essa força onde se manifesta, íntimo e imediato, o Eu que não pode encontrar a essência do seu querer em ordens vindas de instituições exteriores, mas tem por imperativo da existência haurir essa força em si mesmo. Hoje, a diferença entre saber e cultura tornou-se extrema.

A cultura, esse exercício de autolibertação do indivíduo por si mesmo, exige o contato constante com essa força obscura em que a vida repousa. Não faz ainda muito tempo, a cultura em cada instante viva, era o crescimento do Eu no mundo e do mundo no Eu pelo jogo de um sentimento e de uma razão que, de forma desordenada, captavam e jorravam, exprimiam-se numa experiência da qual o indivíduo saía semelhante e diferente. Primeiro, parte integrante da cultura, aspecto de seu trabalho, matéria de sua secreção, a ciência hipertrofiou-se nela. As técnicas, longamente elaboradas no transcurso de três séculos com a intenção de conquistar o universo, acabam, numa reversão de seus esforços, propondo ao indivíduo uma fuga para fora de si mesmo que o despoja de sua identidade sem o menor esforço. O que o saber, desenvolvendo-se, acabou propondo ao indivíduo foi a evasão de si mesmo para o objetivo. Dar um sentido ao mundo é perder o seu. É a dissipação do Eu. E é, no fim de contas, num olhar difratado, a vontade de se evadir da vida escondida em si. É um suicídio.

Já o "demônio" de Laplace pretende assim ter descrito e calculado por toda a eternidade o mundo — passado, presente e futuro — e assim nos destemporaliza e faz de nós marionetes encerradas na caixa preta de um código que nos instrui na íntegra. Conhece-se a apóstrofe de Diderot em sua entrevista com d'Alembert contra o mecanismo triunfante de sua época: "Está vendo este ovo?

É com ele que se derrubam todas as escolas de teologia e todos os templos da terra. O que é este ovo? Uma massa insensível antes que o germe nela seja introduzido... Como passará essa massa a uma outra organização, à sensibilidade, à vida? Pelo calor. Quem produzirá o calor? O movimento. Quais serão os efeitos sucessivos desse movimento?" etc.

O calor, o movimento, a vida! Vão ser rapidamente sufocados pelos próprios biólogos, por um Helmholtz, que submete à mesma lei matéria viva e matérias inanimadas, que reduz tudo aos movimentos de partículas materiais dotadas de forças motrizes invariantes. Rapidamente, a mecânica leva de novo a melhor em meados do século XIX, quando, não obstante, em seu primeiro decênio, Joseph Fourier descrevera sua lei da termodinâmica: "O fluxo de calor entre duas massas é proporcional ao gradiente das temperaturas entre esses dois corpos", estabelecendo assim como fenômeno universal uma lei tão geral quanto a da gravitação e que, entretanto, pela primeira vez na história das ciências modernas, introduzia a descrição de um fenômeno não-reversível. Um fenômeno que escapa às limitações do tempo e no qual se desenha um poder de auto-organização. Sabe-se que é nessa termodinâmica dos processos irreversíveis que Prigogine, em nossos dias, apóia o papel da irreversibilidade: "Os fluxos que atravessam certos sistemas físico-químicos e os distanciam do equilíbrio podem alimentar fenômenos de auto-organização espontânea, rupturas de simetria, evoluções no sentido de uma complexidade e de uma diversidade crescentes."

Mas, antes de Prigogine e dos últimos desenvolvimentos conceptuais das ciências que hoje reabilitam a existência do tempo e anunciam, talvez, o fim de longa dicotomia entre ciência e cultura, não faltaram outras ocasiões de oposições.

Para citar apenas uma: Henri Bergson, em 6 de abril de 1922, tenta fazer Albert Einstein admitir a possibilidade de uma coabitação no mundo de temporalidades diversas, ou seja, de um espaço da subjetividade paralelo ao espaço da objetividade. Ele encontra então no inventor da relatividade um adversário irredutível, devolvendo para o universo das quimeras o tempo dos filósofos, ao mesmo tempo que a fonte e a força do Eu.

Assim se cavou essa grande diferença entre a cultura do povo, de todos e de cada um, e a cultura "científica" de apenas alguns.

Essa depressão abissal divide, por vezes, o próprio investigador, e é um mistério pouco aprofundado entender como ele convive com esse perpétuo abismo sem se tornar esquizofrênico!

Assim se vêem rejeitados na insignificância os gestos da vida cotidiana, assim como as obras de arte, e o significativo escapa a toda tentativa humana de abordagem. Assim, num mundo atual de desordens e de combates, de insegurança e de incerteza, vem enxertar-se uma ausência de realidade dos indivíduos que somos, inconsistência que nada mais nos oferece, pode-se crer, senão o recurso a uma distração sem finalidade.

ESTAMOS EM BUSCA DE HUMANIDADE

Essa distração possui o sistema de comunicação que merece, mais próximo da definição de McLuhan, para quem a mensagem é a própria comunicação, sua estrutura feita de um emissor, de receptores e de canais, reduzindo assim ao desprezível, a nada, o que nela é dito e significado. É esse sistema das mídias que, num livro-catástrofe, *La Barbarie*, Michel Henry nos descreveu recentemente, com um humor tão negro que poderia parecer desesperado. Escreveu ele: "O seu conteúdo [ou seja, o conteúdo dessas mídias] é o insignificante, a atualidade, aquilo que não terá o menor interesse amanhã e a cujo respeito se pode até pensar que não possua mais no próprio momento em que constitui o Evento." E, mais adiante, diz o seguinte: "Portanto, não é a auto-realização que a existência mediática propõe à vida, é a fuga, a ocasião para todos aqueles cuja preguiça, repelindo a própria energia, torna para sempre descontentes consigo mesmos, de esquecer esse descontentamento. Esquecimento a renovar a cada instante, a cada novo surto da força e do desejo." E, com efeito, se a especificidade da espécie humana é esse poder de dar um sentido ao mundo, inscrevendo nele a todo instante o traço de sua força e de seu desejo, então estamos perdendo a nós mesmos, perdendo humanidade. A aventura é das mais singulares, porquanto foi do próprio interior de uma das produções humanas mais refinadas e mais inventivas — a atividade científica — que se cavou essa perda, como se a sua substância se tivesse diluído na conquista:

como se a nossa conquista ameaçasse despojar-nos de nós próprios em proveito de uma vida tão anônima quanto objetiva. Pensa-se em Prometeu agrilhoado em seu rochedo, a águia devorando-lhe o fígado: "É preciso que ele cresça e que eu diminua."

A VERTIGEM COMO RECONCILIAÇÃO

As ciências, aquelas que são a matéria deste livro e as outras, constituirão hoje, sem recurso nem retorno, as cúmplices objetivas desse desligamento do Eu? Ou nos farão ignorar essa crise?

As ciências da reprodução humana e da genética e, mais praticamente, os biólogos, juntar-se-ão ao punhado de físicos que, como Prigogine, vão hoje ao encontro dos filósofos, dos historiadores e sociólogos, a fim de apurarem em conjunto as articulações entre os modos do tempo que até aqui se defrontam: tempo de Newton e tempo de Bergson, tempo da matemática sem relação com o exterior e de um outro nome chamado "duração", e tempo onde a duração tem por sentido invenção, "elaboração do absolutamente novo"?

Estamos condenados a uma adaptação permanente, mas ela será impossível neste mundo de desordens e de incertezas sem um retorno ao subjetivo. A questão consiste em saber se, após tê-la subjugado como um objeto passivo, as ciências farão ou não aliança com a natureza do homem. Se elas se tornarão, como projeta Michel Serres para elas, criadoras de acaso e de circunstâncias.

Essa liberdade nova, essa abertura aventurosa para um mundo perigoso e incerto — mundo do lado de fora e dos "interiores longínquos" — obrigam-nos à audácia.

Atrás de nós, em torno de nós, nenhum modelo para servir de referência suficiente. Poderemos nos impulsionar a nós mesmos num movimento autônomo e incessante? Poderemos ainda ser o nosso devir?

A resposta depende em grande parte dos próprios cientistas, segundo eles queiram formulá-la sozinhos, afastando uma vez mais a vida das obras e seus cortejos aleatórios de criações subjetivas, ou sejam mais propensos a reencontrar os vínculos, outrora estreitos, com os lugares da cultura: com os indivíduos, com a sociedade em sua diversidade, com as pulsões e as ambições de seus cidadãos, com o modo de governo dos homens.

A vertigem do filho perfeito nascido da conjunção dos métodos da reprodução assistida e das intervenções nos genes é hoje uma dessas formas simbólicas através das quais os homens sempre tentaram compreender seu destino.

Aquela alternativa permanece inalterada.

Anexos

I

Atitude dos franceses diante dos novos métodos de nascimentos assistidos

UM ESTUDO DA SOFRES

O estudo baseou-se numa amostra nacional de 2.000 pessoas representativa da população francesa, de 15 anos de idade em diante. Método de quotas (sexo, idade, profissão do chefe da família) e estratificação por região e categoria de aglomeração.

Entrevistas realizadas face a face de 6 a 26 de abril de 1987.

Extraímos os quadros mais significativos e os principais comentários:

— *O número de filhos do entrevistado* (pp. 212-213);

— *As razões do desejo ou do não-desejo de filho* (pp. 214-216);

— *As causas de esterilidade* (pp. 217-218);

— *Os métodos de nascimento assistido* (pp. 219-223);

— *As intervenções no caso de deficiências genéticas* (pp. 224-225);

— *As modificações genéticas* (pp. 226-227);

— *Síntese dos principais resultados* (p. 228)

Perguntas: Tem filhos? Quantos?
Se não, deseja ter filhos? Quantos?

Conjunto de pessoas interrogadas	*Total* 2.014=100%	*Homens* 951=100%	*Mulheres* 1.063=100%
	%	%	%
Têm pelo menos 1 filho	*71*	*65*	*77*
Das quais: — 1 filho	18	16	20
— 2 filhos	25	24	27
— 3 filhos	17	15	19
— 4 filhos e mais	11	10	11
Não têm filhos	*29*	*35*	*23*
Das quais: — Desejam ter	22	26	18
— 1 filho	3	4	1
— 2 filhos	13	16	11
— 3 filhos	5	5	4
— 4 filhos e mais	1	1	2
— Não querem ter nenhum	*5*	*7*	*3*
— Não podem ter	*2*	*2*	*2*

AOS QUE TÊM FILHOS

Pergunta: Deseja ter outros filhos? Quantos?

Conjunto das pessoas que têm filhos	*Total* 1.436=100%	*Homens* 621=100%	*Mulheres* 815=100
	%	%	%
Desejam ter outros filhos	15	15	15
— 1 filho	11	10	11
— 2 filhos ou mais	4	5	4
Não querem mais filhos	60	61	60
Não podem ter mais filhos	24	23	25
— Indefinido	1	1	—

O NÚMERO DE FILHOS

Ter filhos é um desejo amplamente majoritário (93%), somente 5% dos entrevistados não têm ou não querem filhos, e 2% não podem tê-los.

39% dos entrevistados desejam ter dois filhos.

Aqueles que querem filhos, ou querem mais filhos, desejam tê-los nos próximos cinco anos (68%).

PARA OS QUE TÊM FILHOS OU OS QUE DESEJAM TÊ-LOS

Pergunta: Pode-se desejar um filho por diferentes razões. Para cada uma das razões seguintes, você dirá que se trata de uma razão muito importante ou pouco importante para o seu desejo de ter um filho?

Conjunto das pessoas que têm filhos ou que os desejam ter	*Total* 1.874 = 100%			*Homens* 867 = 100%			*Mulheres* 1.007 = 100%		
	Muito Importante	*Pouco Importante*	*Sem Opinião*	*Muito Importante*	*Pouco Importante*	*Sem Opinião*	*Muito Importante*	*Pouco Importante*	*Sem Opinião*
	%	%	%	%	%	%	%	%	%
Citaram:									
— Amor às crianças	88	5	7	88	6	6	89	5	6
— Criar uma verdadeira família	87	7	6	86	8	6	88	6	6
— Amor ao cônjuge	78	13	8	79	12	9	77	15	8
— Dar um sentido à vida	77	15	8	76	16	7	78	15	7
— Realização pessoal	59	32	9	56	36	8	62	29	9
— Consolidar o matrimônio	59	33	8	62	30	8	55	36	9
— Sobreviver algo deles	53	38	9	54	38	8	53	39	8
— Transmitir o que possuem	44	48	8	46	47	7	42	49	9
— Realizar o que eles mesmos não conseguiram fazer	33	56	11	33	56	11	32	56	12
— Convicção religiosa	17	75	8	15	77	8	18	74	9

PARA OS QUE NÃO TÊM FILHOS E NÃO QUEREM TÊ–LOS

Pergunta: Pode–se não querer filhos por diferentes razões. Para cada uma das razões seguintes, você dirá que se trata de uma razão muito importante ou pouco importante em sua decisão de não ter filhos?

Conjunto das pessoas que não têm filhos e não os querem ter	*Total* 96 = 100%			*Homens* * 62 = 100%			*Mulheres* * 34 = 100%		
	Muito Importante	*Pouco Importante*	*Sem Opinião*	*Muito Importante*	*Pouco Importante*	*Sem Opinião*	*Muito Importante*	*Pouco Importante*	*Sem Opinião*
	%	%	%	%	%	%	%	%	%
Citaram:									
— Medo do desemprego	36	52	12	37	53	10	35	50	15
— Medo de perder a liberdade	35	56	9	37	56	7	32	56	12
— Meios econômicos insuficientes	28	58	14	19	69	12	44	38	18
— Recusa de ter um filho fora de um matrimônio estável	27	60	13	27	61	12	26	59	15
— Medo de pôr no mundo um filho anormal	20	68	12	16	73	11	26	59	15
— Medo de uma guerra	18	71	11	16	74	10	21	65	14
— Medo das responsabilidades	9	78	12	8	82	10	12	71	18
— Recusa em correr um risco para a saúde da mulher	8	79	13	10	79	11	6	79	15
— Não gostam de crianças	5	77	18	6	81	13	3	71	26

* Resultados que devem ser interpretados com prudência, dada a fraqueza do efetivo.

AS RAZÕES DO DESEJO OU DO NÃO–DESEJO DE FILHO naqueles que têm filhos ou que desejam tê–los, ou então nos que não os têm e não os querem ter.

→ Por que se deseja (ou se desejou) ter filhos?

— Por amor às crianças	88%
— Para criar uma verdadeira família	87%
— Por amor ao cônjuge	78%
— Para dar um sentido à vida	77%

Trata–se das quatro razões principais, seja homem ou mulher, mais jovem ou mais velho, de um nível de estudos primários ou superiores.

A razão menos freqüentemente citada "ter filho por convicção religiosa" (17%) envolve diferenças importantes segundo a idade (3% nos de menos de 25 anos, contra 30% nos de mais de 45 anos) e o nível cultural (29% nos níveis de estudos primários contra 8% e 11% nos níveis de estudos secundários e superiores).

Assinalem–se igualmente diferenças respeitantes à razão "consolidar o matrimônio" (67% das citações nos níveis de estudos primários contra 37% de citações nos níveis de estudos superiores), com uma mesma oposição nas razões "que algo sobreviva de mim" ou "transmitir seus bens".

→ Por que razões não se tem filhos?

Se excetuarmos o fato de não poder ter filhos (2%), as razões estão sobretudo ligadas à conjuntura econômica:

- medo do desemprego (36%);
- meios econômicos insuficientes (28%);

ou a uma ideologia pessoal:

- medo de perder sua liberdade (35%);
- recusa em ter um filho fora de um matrimônio estável (27%).

Pergunta: Em sua opinião, entre os fatores seguintes, quais são *os três* que intervêm mais na *esterilidade dos casais?*

Conjunto de Pessoas Interrogadas	*Total* 2.014=100%	*Homens* 951=100%	*Mulheres* 1.063=100%
	%	%	%
Citaram-se			
— Seqüelas de doenças sexualmente transmissíveis	36	34	39
— Seqüelas de aborto	33	30	36
— Deficiência física congênita na mulher	33	34	32
— Seqüelas de contracepção prolongada	32	30	34
— Causas psicológicas	32	30	34
— Deficiência física congênita no homem	31	33	29
— Seqüelas de acidentes	23	24	22
— Idade muito adiantada de um ou dos dois parceiros no momento da concepção	22	22	22
— Poluição ambiental	7	10	5
— Outras razões	1	1	1
Sem opinião	10	10	9

OS FATORES DE ESTERILIDADE

→ À pergunta, quais são os três fatores que mais intervêm na esterilidade, seis fatores parecem desempenhar um papel mais ou menos semelhante, com uma ligeira predominância para as *seqüelas de doenças sexualmente transmissíveis* (36%), seguidas de:

— seqüelas de aborto (33%);
— deficiências congênitas femininas (33%), ou masculinas (31%);
— seqüelas de contracepção prolongada (32%);
— causas psicológicas (32%).

Não se notam diferenças muito significativas segundo o sexo das pessoas interrogadas; em contrapartida, uma vez mais, idade e nível de estudos acarretam uma disparidade de respostas. Por exemplo, se as seqüelas de doenças sexualmente transmissíveis estão sempre à cabeça das causas de esterilidade, elas são citadas por 48% dos jovens de menos de 25 anos, contra 30% dos homens de mais de 45 anos. Da mesma forma, as causas psicológicas registram um escore de 40% nos de menos de 45 anos, de 20% nos de mais de 45 anos. No que se refere a esta última razão, é interessante assinalar que ela é citada em 50% das pessoas com níveis de estudos superiores, contra 18% nos níveis de estudos primários.

A análise segundo a profissão do chefe da família corrobora essa atitude. Assinale-se igualmente um predomínio das citações para as seqüelas de doenças sexualmente transmissíveis como causa de esterilidade no aglomerado parisiense (47% contra 31% no meio rural).

Pergunta: Para cada um dos seguintes *métodos de nascimento assistido,* em caso de esterilidade, estaria disposto a recorrer a esse método?

Conjunto de pessoas interrogadas	*Total* 2.014=100%	*Homens* 951=100%	*Mulheres* 1.063=100%
	%	%	%
Estariam dispostos a recorrer a:			
— *Inseminação artificial*			
SIM	52	47	57
NÃO	43	47	39
Não sabem	5	6	4
— *Fecundação in vitro*			
SIM	39	34	44
NÃO	54	59	50
Não sabem	7	7	6
— *Doação de embrião*			
SIM	22	20	23
NÃO	71	72	69
Não sabem	7	8	8
— *Doação de oócito*			
SIM	17	18	17
NÃO	76	74	77
Não sabem	7	8	6
— *Mãe de aluguel*			
SIM	12	16	9
NÃO	82	77	86
Não sabem	6	7	5

Pergunta: Em caso de esterilidade, se pudesse escolher entre uma gestação que se desenrolasse no útero da mãe e, com as novas técnicas, uma gestação que se desenrolasse fora do útero da mãe, referiria uma gravidez que se passe no útero materno, em parte fora do útero materno ou totalmente fora do útero materno?

Conjunto de pessoas interrogadas	*Total* 2.014=100%	*Homens* 951=100%	*Mulheres* 1.063=100%
	%	%	%
Prefeririam uma gestação:			
— no ventre da mãe	79	74	83
— em parte no útero da mãe	2	1	2
— totalmente fora do útero da mãe	3	3	3
Sem opinião	16	22	12

Pergunta: Se tivesse a possibilidade de mandar congelar:
— *o seu esperma;*
— *um de seus embriões ou oócitos;*
para ter um filho mais tarde, no momento que lhe conviesse, você o faria?

Conjunto de pessoas interrogadas	*Total* 2.014=100%	*Homens* 951=100%	*Mulheres* 1.063=100%
	%	%	%
Se tivessem essa possibilidade, fariam congelar seu esperma ou seus embriões ou oócitos:			
— SIM	21	24	19
— NÃO	73	70	76
Não sabem	6	6	5

Pergunta: É favorável à constituição de "bancos" que pudessem fornecer esperma, embriões, ovos fecundados anônimos?

Conjunto de pessoas interrogadas	*Total* 2.014=100%	*Homens* 951=100%	*Mulheres* 1.063=100%
	%	%	%
Seriam favoráveis à constituição de um "banco" de esperma, embriões, ovos fecundados anônimos:			
— SIM	33	35	31
— NÃO	61	58	64
Não sabem	6	7	5

Pergunta: Você se dirigiria a um desses bancos?

Conjunto de pessoas interrogadas	*Total* 2.014=100%	*Homens* 951=100%	*Mulheres* 1.063=100%
Recorreriam a um "banco" de esperma, embriões, ovos fecundados anônimos?			
— SIM	17	18	17
— NÃO	76	74	78
Não sabem	7	8	5

OS MÉTODOS DE NASCIMENTO ASSISTIDO

• Globalmente, os franceses apresentam-se favoráveis aos métodos de nascimento assistido.

Dois métodos recolhem, mais particularmente, seus sufrágios:

— a inseminação artificial (52%) e
— a fecundação *in vitro* (39%).

As doações de embriões ou de oócitos vêm em seguida com 22% e 17%. O recurso à mãe de aluguel, por seu lado, representa 12% de adesão.

→ Nota-se que as mulheres são mais favoráveis do que os homens à inseminação artificial e à fecundação *in vitro* e, inversamente, menos favoráveis do que os homens às mães de aluguel (9% contra 16%).

Seja qual for o método, assinale-se que quanto mais jovens forem os entrevistados, e mais elevado o seu nível de estudo, mais eles são favoráveis às novas tecnologias de nascimento assistido.

Por outro lado, naqueles que não têm filhos, mas os querem, ou naqueles que os têm, mas que querem outros, o conjunto de métodos suscita um interesse suplementar.

No caso da aceitação da inseminação artificial, a maioria das pessoas interrogadas desejaria a utilização do esperma do marido (89%); fenômeno ainda mais acentuado nas mulheres (95%) e nos executivos de nível superior (94%).

→ Mesmo em caso de esterilidade, a gravidez deve ser o mais possível próxima da normalidade, ou seja, desenvolvimento no útero da mãe [(79%) de respostas favoráveis com um número mais elevado nas mulheres (83%), as mais diretamente interessadas].

→ Embora um francês em cada dois se declare disposto a recorrer à inseminação artificial em caso de esterilidade, somente um em cada cinco se declara disposto a fazer congelar esperma ou embriões.

Os mais jovens, como precedentemente, são os mais favoráveis (28% de menos de 25 anos).

As pessoas menos favoráveis são as de mais de 45 anos (15%), ou de nível de estudos primários (16%) ou implantadas no meio rural ou em pequenas localidades (18%).

→ 33% dos franceses são favoráveis à constituição de bancos de esperma ou de embriões.

A idade, o nível de estudos, a profissão do chefe da família, são fatores discriminantes.

Nota-se, com efeito:

— 40% de pessoas favoráveis nas de menos de 45 anos;
— 45% de pessoas favoráveis nas de nível de estudos superiores;
— 44% e 40% de pessoas nos executivos de nível superior ou médio;
— 36% das pessoas na região parisiense.

→ Mas a metade deles hesitaria em recorrer a um tal banco (17%). Encontram-se os mesmos fatores discriminantes que na questão precedente:

— 22% recorreriam pessoalmente a um banco de esperma ou de embriões nos de menos de 45 anos;
— 24% nas pessoas com nível de estudos superiores;
— 23%, 21% e 25% entre os executivos de nível superior, médio e empregados subalternos;
— 22% na região parisiense.

Pergunta: Se uma detecção pré-natal (antes do nascimento) mostrasse que o seu filho a nascer sofre de uma das deficiências genéticas ou parcialmente genéticas seguintes, e que é possível corrigi-la sem perigo para a mãe e para a criança, concordaria em fazer um aborto ou preferiria deixar a natureza seguir seu curso?

	Total... 2.014 = 100%				*Homens... 951 = 100%*				*Mulheres... 1.063 = 100%*			
	Inter-venção	*Aborto*	*Deixar obrar a natureza*	*Sem opinião*	*Inter-venção*	*Aborto*	*Deixar obrar a natureza*	*Sem opinião*	*Inter-venção*	*Aborto*	*Deixar obrar a natureza*	*Sem opinião*
	%	%	%	%	%	%	%	%	%	%	%	%
Diabetes	49	21	28	2	49	21	28	2	50	20	28	2
Mongolismo	18	73	8	1	20	69	9	2	16	76	7	2
Hemofilia	45	32	20	3	45	32	21	3	45	33	19	3
Pé chato	52	24	20	4	52	23	21	4	52	25	19	4
Debilidade mental	16	73	9	2	19	68	11	2	13	77	8	2
Malformação cardíaca	54	30	15	1	52	29	17	2	56	30	12	2
Enfermidade mental	19	69	10	2	23	63	12	3	16	73	9	2
Agressividade excessiva	32	28	34	4	30	27	38	5	33	30	31	5

AS INTERVENÇÕES EM CASO DE DEFICIÊNCIA GENÉTICA

Em caso de deficiência genética ou parcialmente genética, os franceses são majoritariamente favoráveis a uma intervenção, quer se trate de uma correção da deficiência ou de um aborto.

O maior consenso diz respeito ao mongolismo, à debilidade mental ou à enfermidade mental, que registram porcentagens vizinhas no referente:

- à correção genética (18%, 16%, 19%)
- ao aborto (73%, 73%, 69%)
- à ausência de intervenção (8%, 9%, 10%).

A correção genética sem perigo para a mãe e para a criança parece ser para quase um francês em cada dois um método a considerar no caso de:

- diabetes (49%), pé chato (52%), malformação cardíaca (54%).

A agressividade excessiva é o problema que divide mais a opinião em três pólos de importância quase igual.

A análise segundo o sexo não mostra diferença significativa no comportamento; em contrapartida, os de menos de 45 anos são, globalmente, um pouco mais favoráveis à intervenção do que ao aborto, e as pessoas de nível de estudos elevado são nitidamente mais favoráveis à correção genética em particular para:

- diabetes (61%)
- hemofilia (55%)
- pé chato (60%)
- malformação cardíaca (67%).

Pergunta: Se fosse possível a escolha do sexo do seu futuro filho, você a faria?

Conjunto de pessoas interrogadas	*Total*	*Homens*	*Mulheres*
	2.014 = 100%	951 = 100%	1.063 = 100%
	%	%	%
Se isso fosse possível, você escolheria o sexo de seu filho?			
SIM	35	34	35
NÃO	65	65	65
Sem opinião	—	1	—

AS MODIFICAÇÕES GENÉTICAS

→ 35% dos franceses estariam dispostos a escolher o sexo do seu futuro filho se a ciência o permitisse.

A análise segundo o sexo, a idade do entrevistado, não mostra diferenças importantes. Em compensação, essa possibilidade de escolha parecia mais interessante entre:

— os agricultores (42%)
— os que já têm filhos, mas querem outros (42%),
— os habitantes do sul mediterrânico (40%).

→ A escolha de características físicas e intelectuais acarreta, por seu lado, 11% de adesão, preferindo a grande maioria dos franceses deixar obrar a natureza, seja qual for a idade, o nível de estudos ou a profissão.

SÍNTESE DOS PRINCIPAIS RESULTADOS

→ Todo o mundo ou quase deseja ter um dia filhos, seja por amor às próprias crianças ou por amor ao cônjuge, para criar uma família ou para dar um sentido à vida.

Os freios residem sobretudo nos problemas socioeconômicos ou na concepção pessoal de vida que não quer ver-se tolhida seja pelo que for.

→ Os fatores de esterilidade são percebidos de maneiras diferentes segundo o nível social; não obstante, as seqüelas das doenças sexualmente transmissíveis apresentam-se quase sempre à cabeça como causa de esterilidade. Note-se a importância atribuída às causas psicológicas como fator de esterilidade, sobretudo nos casos de nível de instrução mais elevado.

→ As manipulações genéticas, como a escolha das características físicas e intelectuais, são recusadas pela maioria dos franceses (89%), enquanto a idéia de poder escolher o sexo do filho obtém um acolhimento muito mais favorável (35%).

→ A correção das deficiências genéticas ou parcialmente genéticas parece não meter medo no que se refere às deficiências orgânicas e apresenta-se como aceitável para mais de 50% dos franceses no caso de doenças como diabetes ou malformação cardíaca.

Em contrapartida, para a deformação mental que suscita medo, os franceses não querem correr o risco de fracasso e, no caso de deficiência genética grave, como o mongolismo ou a debilidade mental, preferem em mais de 70% deles o aborto à correção dessa deficiência, mesmo que tal correção seja anunciada sem perigo para a mãe e para a criança.

→ A opinião dos franceses apresenta-se globalmente mais favorável às tecnologias de procriação assistida no caso de esterilidade, com um nítido destaque para a inseminação artificial (52%) sobre os outros métodos, em particular, a mãe de aluguel (12%).

As mulheres, as mais diretamente interessadas, desejam viver uma gravidez o mais próximo possível da normalidade (somente 9% são favoráveis às mães de aluguel, contra 16% dos homens).

Como em muitos domínios, observa-se uma diferença de atitude quando se passa da opinião geral para a predisposição pessoal. Assim, 33% dos franceses declaram-se favoráveis à constituição de bancos de espermas ou de oócitos, mas somente a metade (17%) estaria disposta a utilizá-los para si mesma.

→ Em conclusão, pode-se dizer que, quanto mais jovens são os indivíduos ou de nível cultural elevado, mais estão abertos aos novos métodos de procriação artificial e o conjunto dos resultados mostra que, em teoria, pelo menos, a população parece aceitar essas novas tecnologias como se elas já tivessem entrado nos hábitos.

II

Uma intuição confirmada

"Em teoria, pelo menos, comenta a SOFRES, a população parece aceitar essas novas tecnologias como se elas já tivessem entrado nos hábitos." É também essa a impressão dos autores que assim viram sua intuição inicial confirmada quantitativamente. Essa inserção nos hábitos é tanto mais ampla e provavelmente duradoura porquanto o acolhimento é muito mais favorável entre os jovens e entre os indivíduos de bom nível cultural, que freqüentemente servem de modelo para os outros.

Esse novo dado dos costumes contemporâneos opera, ao que nos parece, de maneira moderada: sem perturbar, aparentemente, uma ordem moral tradicional. Com efeito, é notável que a imensa maioria da população já tem, ou deseja ter, filhos: 71% têm; 22% desejam tê-los; o que não deixa muito mais de 5% de indivíduos que não os querem e 2% que não os podem ter. Ora, esse desejo maciço de filhos tem por justificações principais referências ao casal e à família. O desejo de filhos tem por causa: amor às crianças em 88% dos casos; a vontade de criar uma verdadeira família em 87% dos casos; o amor ao cônjuge em 78% dos casos e a aspiração de dar um sentido à sua vida em 77% dos casos!

Ora, são esses mesmos tradicionalistas que aceitam, por outro lado, em proporções já consideráveis, uma possível correção das deficiências genéticas ou parcialmente genéticas: um francês em cada dois para a diabetes e para a hemofilia a aceita. Se uma preferência pelo aborto continua sendo acentuada no caso de transtornos psíquicos — 70% para a debilidade mental; 65% para a doença mental preferem o aborto — é notável que aproximadamente um francês em cada quatro opina por uma intervenção genética nessas circunstâncias e está disposto a acreditar, portanto, que essa intervenção seria capaz de resultar numa real correção mental. Isso diz-nos muito sobre o poder de ação das manipulações genéticas sobre a imaginação.

Os métodos de nascimento assistido são aceitos com maior facilidade porquanto são mais antigos e a única manobra que ainda encontra uma sensível resistência parece ser o recurso às mães de aluguel; somente 12% de mulheres e homens lhes recorreriam se necessário. Em contrapartida, mais de metade da população recorreria à inseminação artificial e cerca de 40% à fecundação *in vitro*.

Essa aceitação lenta esconderia, pois, uma revolução em surdina, que culminaria amanhã, para surpresa dos próprios interessados — ou seja, de todos nós —, numa paisagem moral renovada? Essa suspeita obriga a refletir sobre dois "não" muito fortemente marcados da população: quase nove franceses em cada dez recusam hoje que as manipulações genéticas possam servir para uma escolha das características físicas e intelectuais do futuro filho, e a mesma proporção continua preferindo ter um filho tal como a natureza o tenha feito, em vez de um filho cujos pais tivessem programado as características genéticas — se tal coisa se mostrasse possível. Mas a natureza já está sendo hoje ajudada e manipulada não só para fins terapêuticos, médicos, como também para fins de conveniência. A programação genética, que se apresenta, na pesquisa de opinião, como um tabu para 90% dos franceses, continuará sendo ainda por muito tempo uma fronteira intransponível? Os números obrigam a constatar que ela já foi transposta no espírito de um francês em cada dez que, curiosamente, é com mais freqüência um agricultor do que um professor universitário! O resto da população irá, sobre esse ponto, constituir uma barragem definitiva? Ou a idéia de programação ainda é apenas recente demais, e um tanto debilmente orquestrada, para suscitar uma verdadeira adesão? A influência sobre o imaginário de um poder sobre os genes criará, em última instância, mais terror do que entusiasmo aventuroso?

A resposta não é certa, mas a coerência das respostas dadas pelas diversas categorias sociais da população — salvo algumas raras exceções, aliás pouco significativas — permite pensar que o resvalamento insidioso para uma nova moral não depara com uma conscientização do que está prestes a ocorrer nem com uma resistência considerável em nenhuma parte, exceto no reduzido segmento de indivíduos para quem as convicções religiosas continuam desempenhando um papel na escolha do filho.

Sendo assim, a atitude dos cientistas e da mídia, a amplitude das informações e de seus comentários — mas sobretudo, talvez, sua colocação em perspectiva — eis o que será decisivo.

Mas fazer essa constatação não significa responder à pergunta formulada: para onde vamos?

Bibliografia das principais obras utilizadas

ARIÈS, Ph. *L'Enfant et la Vie familiale sous l'ancien régime,* Le Seuil, 1973. (Ed. bras.: *História social da criança e da família.* Rio, Zahar Editores, 2ª ed., 1981.)

ARMENGAUD, A. *Les Français et Malthus,* PUF, 1975 (esgotado).

BADINTER, E. *L'Un est l'autre,* Éd. Odile Jacob, 1986. (Ed. bras.: *Um é o outro,* Rio, Nova Fronteira, 3.ª ed., 1986.)

BERGSON, H. *La Kensée et le Mouvant,* Éd. du Centenaire, PUF, 1970.

BERGUES, H. "Prévention des naissances dans la famile", INED, 1959 (esgotado).

CHAUNU, P. *La Mémoire de l'éternité,* Robert Laffont, 1975.

DAGOGNET, F. *Méthodes et Doctrine dans l'oeuvre de Pasteur,* PUF, 1967.

DARMON, P. *Le Mythe de la procréation à l'âge baroque,* col. "Points Histoire", Le Seuil, 1981.

DARMON, P. *Mythologie de la femme dans l'ancienne France,* Le Seuil, 1983.

DARWIN, Ch. *De la descendance de l'homme,* Bruxelas, Éd. Complexe, 1981.

DARWIN, Ch. *De l'origine des espèces,* Paris, 1873.

DAWKINS, R. *Le Gène égoïste,* Mengès, 1978.

DELEUZE, G. *Foucault,* Éd. de Minuit, 1986

DELUMEAU, J. *La Peur en Occident,* Fayard, 1980.

DIDEROT, D. *Entretiens avec d'Alembert,* La Pléiade, Gallimard.

DOBZHANSKY, Th. *L'Homme en évolution,* Flammarion, 1966.

DRYSDALE, G. *The Elements of Social Sciences of Physical General and Natural Religion,* Londres, 1854.

FINKIELKRAUT, A. *La Défaite de la pensée,* Gallimard, 1987.

FLANDRIN, J.-L. *Familles,* col. "Univers historique", Le Seuil, 1984.

GAUCHET, M. *Le Désenchantement du monde,* Gallimard, 1985.

GOODY, J. *L'Évolution de la famille et du mariage en Europe,* Armand Colin, 1985.

GRALL, J. e LÉVY, B.R. *La Guerre des semences,* Fayard, 1985.

GROS, F. *Le Secret des gènes,* Éd. Odile Jacob, 1987.

HENRY, M. *La Barbarie,* Grasset, 1987.

JACOB, F. *La Logique du vivant,* Gallimard, 1970.

11,50
0304

JACOB, F. *Le Darwinisme aujourd'hui,* Le Seuil, 1979.
KOYRE, A. *Études galiléennes,* Hermann, 1966.
LAGET, M. *Naissances,* Le Seuil, 1982.
LAMARCK, J.-B. *Philosophie zoologique,* Paris, 1873.
LANGANEY, A. *Le Sexe et l'Innovation,* Le Seuil, 1979.
LEWONTIN, R.C., ROSE, S. e KAMIN, L.J. *Nous ne sommes pas programmes.* La Découverte, 1985.
LERIDON, H. *La Seconde Révolution contraceptive,* PUF, 1987.
LERIDON, H. "Stérilité et hypofertilité: fréquence dans la population", *Recherches récentes sur l'épidémiologie de la fertilité,* Masson, 1986.
MALTHUS, T.R. *Essai sur le principe de population,* trad. fr. Genebra, 1823.
MENDEL, J.G. *"Versuche über Pflazen Hybriden in Classic", Papers in Genetics,* Londres, 1959.
MORIN, E. *Le Paradigme perdu: La nature humaine,* Le Seuil, 1973. (Ed. bras.: *O enigma do homem.* Rio, Zahar Editores, 2.ª ed., 1979.)
MOSCOVICI, S. *La Société contre nature,* UGE, col. "10/18", 1972.
PAGÈS, J.-L. *Le Contrôle des naissances en France et à l'étranger,* Librairie de droit et de jurisprudence, Paris, 1971.
PALMER, R. e E. *La Stérilité involontaire,* Masson, 1950 (esgotado).
PALMER, R. e E. *Histoire illustrée de la médecine, de la pharmacie, de l'art dentaire et de l'art vétérinaire,* Albin Michel, Laffont, Tchou, 1956 (esgotado).
PETERSEN, W. *Malthus,* Dunod, 1980.
PLACE, F. *Illustration et Preuve du principe de population,* Londres, 1822.
PRIGOGINE, I. *L'Idée de régulation dans les sciences,* Paris, Maloine-Doim, 1977.
PRIGOGINE, I. e STENGERS, I. *La Nouvelle Alliance,* Gallimard, 1979.
ROSTAND, J. *Les Origines de la biologie expérimentale de l'abbé Spallanzani,* Fasquelle, 1951.
ROUCHE, M. in *Histoire de la vie privée,* Le Seuil, 1985, t. I.
RUFFIÉ, J. *Traité du vivant,* Fayard, 1982.
SAHLINS, M. *Critique de la sociobiologie,* Gallimard, 1980.
TORT, P. *Misère de la sociobiologie,* PUF 1985.
VEYNE, P. *Histoire de la vie privée,* Le Seuil, 1985.
VINCENT, J.-D. *Biologie des passions,* Éd. Odile Jacob, 1986.
WILSON, E.O. *Sociobiology: The New Synthesis,* Cambridge-Harvard University Press, 1975.
WILSON, E.O. *On Human Nature,* Cambridge-Harvard University Press, 1978.
WILSON, E.O. *Genes, Mind and Culture,* Cambridge-Harvard University Press 1981.